普通高等教育"十一五"国家级规划教材
普通高等教育"十五"国家级规划教材
北京高等教育精品教材

电工电子基础实践教程

实验·课程设计

第4版

主　编　曾建唐　蓝　波
副主编　徐　清　陈昌虎　严世胜
主　审　张晓冬

机械工业出版社

本教材以全新的教育理念为指导，以满足基本实践教学需要且具有较宽适用面为出发点，按照应用型高级技术人才培养定位进行编写，使之更加适用、实用和好用。教材包括 5 部分内容：电工（电路）实验、模拟电子技术实验、数字电子技术实验、电子课程设计、电子电路仿真软件的基本使用。本教材可作为理工类院校本科、专科及高职相关专业学生的实践环节指导教材。

本教材是"十五""十一五"国家级规划教材和北京高等教育精品教材。

本教材配有部分教学参考资料，欢迎选用本教材的教师索取，邮箱：lanbo@ bipt. edu. cn，或登录 www. cmpedu. com 注册后下载。

图书在版编目（CIP）数据

电工电子基础实践教程：实验·课程设计／曾建唐，蓝波主编 . —4 版 . —北京：机械工业出版社，2022. 8 （2024. 1 重印）

普通高等教育"十一五"国家级规划教材　普通高等教育"十五"国家级规划教材　北京高等教育精品教材

ISBN 978-7-111-71322-7

Ⅰ. ①电… Ⅱ. ①曾… ②蓝… Ⅲ. ①电工技术–高等学校–教材 ②电子技术–高等学校–教材 Ⅳ. ①TM ②TN

中国版本图书馆 CIP 数据核字（2022）第 138319 号

机械工业出版社（北京市百万庄大街 22 号 邮政编码 100037）
策划编辑：王玉鑫 责任编辑：王玉鑫
责任校对：张亚楠 贾立萍 封面设计：张 静
责任印制：单爱军
北京虎彩文化传播有限公司印刷
2024 年 1 月第 4 版第 2 次印刷
184mm×260mm · 14 印张 · 346 千字
标准书号：ISBN 978-7-111-71322-7
定价：45.00 元

电话服务 网络服务
客服电话：010-88361066 机 工 官 网：www. cmpbook. com
　　　　　010-88379833 机 工 官 博：weibo. com/cmp1952
　　　　　010-68326294 金 书 网：www. golden-book. com
封底无防伪标均为盗版 机工教育服务网：www. cmpedu. com

前　言

　　《电工电子基础实践教程　实验·课程设计》从第1版策划、编写和发行至今已经历了20个年头。最初是在教育部教改课题的研讨过程中，当时深感电工电子实践教学缺少适合的指导教材，我们联合了多所兄弟院校一起开展了编写工作，对全部实践教学环节进行了整合，确立：电工电子实验——启迪创新意识；电工电子实习——培养工程实践能力；电子设计与创新——激发创新精神和能力，力图搭建一个基础扎实、接近真实工程环境的电工电子实践平台，它既是基本技能和工艺的入门向导，又是学生科技活动和启迪创新思维与能力的开端。阶梯式实践环节符合人才培养的规律，为一般院校提供了一种可供参考的思路和模式，"在实践中学习，在学习中实践"的理念与近年来国内高等教育领域开展的CDIO（构思、设计、实现、运作）、卓越工程师教育培养计划、工程教育专业认证、新工科等工作完全契合。

　　为了提高教材的通用性，我们所撰写的实验内容都避免局限于某种特定实验设备，这个编写思路受到了广泛关注和不少同行的借鉴，对电工电子实践教学的创新起到了一定的推动作用，为此我们感到十分欣慰。

　　近年来，随着中国高等教育发生的深刻变革，教材必须与时俱进，紧跟时代发展。2021年7月，北京石油化工学院、景德镇陶瓷大学、海南师范大学和浙江万里学院等4所院校的相关老师经过深入研讨，决定着手编写本教材的第4版。

　　《电工电子基础实践教程　实验·课程设计》第4版主要从以下几个方面进行了重新编写：

　　1. 对数字电子技术实验进行了大力度修改

　　1）将常用的、具有代表性的组合逻辑器件和时序逻辑器件分成若干个实验项目单列。

　　2）增加了MOS器件、可逆计数器、模数转换和数模转换的验证性实验项目。

　　3）增加了组合逻辑和时序逻辑的设计性实验项目。

　　所有数字电路实验项目均可提供基于Multisim的仿真电路。

　　2. 对电子课程设计的内容进行了重新编写

　　这部分内容重新编写后应用性、系统性和工程性更强，大部分题目可以在完成电路设计后进行焊接、组装和调试。

　　3. 对电子电路仿真软件的内容进行了重新编写

　　1）Multisim的版本为14.0，Quartus Prime的版本为17.1，Altium Designer的版本

为 19.1。

2）新增立创 EDA 软件的使用介绍。

本教材适合一般本科院校和高职高专院校的电类、非电类工科专业的学生使用，各院校可以根据定位以及不同需求选取相关内容。

本教材是"十五""十一五"国家级规划教材和北京高等教育精品教材。

本教材凝聚了全体编写人员和主审的心血。除了主编、副主编外，参与编写的还有北京石油化工学院的朱亚东洋老师、北京七星华创流量计有限公司的吴昊工程师、景德镇陶瓷大学的金光浪老师，以及海南师范大学的羊大立和羊现长老师。晏涌、张丽萍、张晓燕、周义明、张路纲、刘学君、王志秀、田小平、张吉月、黄艳芳、王柏华、周庆红、洪杰、曾佳、樊慧丽、李昌刚、刘军、徐海英、张伟、熊波、洪超、张儒、张翼祥、赵怡等老师参与了教材的研讨，另外为了使实验项目更具可操作性，不少老师进行了预试，对实验参数的设定，尤其是对设计性、综合性实验能够顺利指导，提出了不少改进意见。北京交通大学的张晓冬教授不辞劳苦认真地审阅了全书，提出不少宝贵意见和建议。一些使用本教材的教师也通过不同方式和我们进行了交流，为我们提供了很好的思路。在此，对以上人员表示诚挚的谢意。

由于我们水平有限，教材中难免还存在不妥之处，真诚希望使用本教材的师生和读者给予批评指正。

本教材配有部分教学参考资料，欢迎选用本教材的教师索取。

编　者

目 录

>>> 第1部分

电工（电路）实验

1.1 电工实验基本知识与基本测量

1. 实验目的

1）学习实验室规章制度和安全用电知识。

2）熟悉实验室供电情况。

3）通过对电阻、电压、电流的测量，熟悉并掌握万用表和直流稳压电源的使用方法。

4）验证 KCL、KVL。

5）验证叠加定理。

6）进一步理解电压、电流参考方向（正方向）的意义。

2. 实验器材与设备

1）主要设备：实验电路板、直流电压表、直流电流表、万用表、直流稳压电源等。

2）给出的实验电路参数：$R_1 = $ _____，$R_2 = $ _____，$R_3 = $ _____，$R_4 = $ _____，$R_5 = $ _____，$U_{S1} = $ _____，$U_{S2} = $ _____。

3. 实验原理

本实验要使用万用表对电阻、电流、电压进行测量，同时还要验证基尔霍夫定律和叠加定理。

基尔霍夫定律是电路的基本定律。对电路中的任一个节点而言，应有 $\sum I = 0$；对任何一个闭合回路而言，应有 $\sum U = 0$。

叠加定理指出：在有多个独立源共同作用下的线性电路中，通过每一个元件的电流或其两端的电压，可以看成是由每一个独立源单独作用时在该元件上所产生的电流或电压的代数和。

4. 实验内容与要求

1）验证 KCL、KVL、叠加定理的实验电路图如图 1-1 所示。

2）接线前如图 1-1a 所示，用万用表 Ω 档测量各电阻值，填入表 1-1 并与标称值对照验证。

1

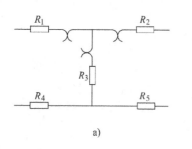
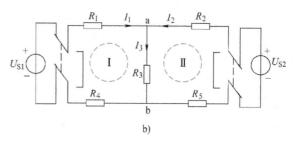

图 1-1　实验电路图

表 1-1　电阻的测量

条　件	R_1	R_2	R_3	R_4	R_5
标称值/Ω					
测量值/Ω					
相对误差					

3）按实验电路接线，见图 1-1b。将直流稳压电源按要求调整到所需值，断电后接入电路。

4）检查电路连接无误后，通电并按实验目的要求进行各项测量与验证：

① 验证 KCL。测量各支路电流，将数据填入表 1-2 中，进行分析。

表 1-2　KCL 的验证

	I_1	I_2	I_3	结点 a：$\sum I = I_1 + I_2 - I_3$
计算值/mA				
测量值/mA				

② 验证 KVL。测量两网孔内各段电压（电阻上电压、电流均按关联参考方向），将数据填入表 1-3，进行分析。

表 1-3　KVL 的验证

回路 I	U_{R1}	U_{R3}	U_{R4}	U_{S1}	$\sum U =$
计算值/V					
测量值/V					
回路 II	U_{R5}	U_{R3}	U_{R2}	U_{S2}	$\sum U =$
计算值/V					
测量值/V					

③ 验证叠加定理。测量 U_{S1}、U_{S2} 共同作用时所选支路（例如选择 R_3 支路）的电流，再分别将 U_{S1}、U_{S2} 置零，测量各电源单独作用时所选支路电流，将数据填入表 1-4，与计算值对照并进行分析和研究。

表 1-4 叠加定理的验证

条件	U_{S1}、U_{S2}共同作用	U_{S1}单独作用	U_{S2}单独作用
计算值/mA	$I_3 =$	$I_3' =$	$I_3'' =$
测量值/mA	$I_3 =$	$I_3' =$	$I_3'' =$

5）用 EWB 或 Multisim 对电路进行仿真实验。

① 绘制电路图，输入数据，用 EWB 或 Multisim 提供的数字多用表进行测量，验证 KCL、KVL。

② 绘制电路图，输入数据，用 EWB 或 Multisim 提供的数字多用表进行测量，验证叠加定理。

5. 预习要求

1）复习 KCL、KVL，复习叠加定理。

2）复习有关参考方向的意义方面的内容。

3）实验前了解实验设备及各仪表型号及使用方法。

4）绘制电路图，对电路进行计算并写出实验预习报告，应包含如下内容：

① 各支路电压、电流参考方向的设定，标出实验所用电路的电阻值和电源电压值（按照给定的参数确定 R_1、R_2、R_3、R_4、R_5 及 U_{S1}、U_{S2}值）。

② 各支路电流、电压、回路电压的计算。

③ 选取 1 条支路按叠加定理计算该支路电流。

④ 绘制实验计算表格，填写计算数据。

⑤ 绘制实验测试数据表格，备用（计算表格和测试数据表格可以合二为一，以便对照）。

⑥ 阅读本书第 5 部分"电子电路仿真软件的基本使用"中有关 Multisim 的内容，学会初步应用虚拟电子平台进行电路仿真。如果进行了仿真，则表 1-2 ~ 表 1-4 需要增加一行"仿真值"，以便填写仿真数据。

6. 实验注意事项

1）注意各仪表的量程和使用方法。

2）注意"方向"。

7. 实验报告要求

1）计算所测各电阻的相对误差。

2）用具体数据分析说明如何验证 KCL 和 KVL。

3）用具体数据分析说明如何验证叠加定理。

4）试打印出验证叠加定理的仿真电路图，并对仿真结果进行分析和说明。

8. 思考题

1）如何用万用表测量电阻？在线测量会产生什么问题？电路带电时测量又会产生什么问题？

2）如何把万用表所测电压或电流的数值的正负与参考方向（正方向）联系起来？

3）数字万用表最高位显示"1"（电压、电流或电阻档）表示什么意思？

4）使用万用表（指针式、数字式）和直流稳压电源应注意什么事项？

5）如何验证 KCL、KVL 和叠加定理？

6）你记住了实验规则中哪几个重要条文？你记住了电路测量中哪几个基本原则？

1.2 电压源、电流源及其等效变换

1. 实验目的

1）研究并熟悉电压源和电流源的外特性。

2）按要求设计电压源和电流源。

3）研究并掌握电压源、电流源等效变换的条件。

4）通过对电压、电流的测量，进一步熟悉并掌握万用表和直流稳压电源的使用方法。

2. 实验器材与设备

实验电路板、直流电压表、直流电流表、万用表、直流稳压电源、电流源等。

3. 实验内容与要求

1）电压源、电流源设计。

① 电压源、电流源电路见图1-2a、b。

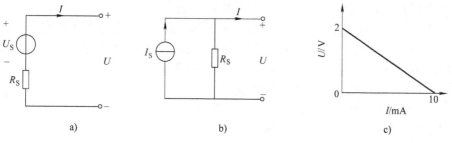

图 1-2　电压源和电流源

② 给出电源外特性曲线如图1-2c所示，按照外特性要求设定电压源的 U_S、R_S 和电流源的 I_S 和 R_S。

2）验证所设计电压源和电流源的外特性和等效关系。

① 用电阻箱作负载 R_L，接入所设计并连接好的电压源，测量输出电压 U_L 和输出电流 I_L 并填入表1-5中。

② 用电阻箱作负载 R_L，接入所设计并连接好的电流源，测量输出电压 U_L 和输出电流 I_L 并填入表1-5中。

③ 比较两组数值，分析并说明两个电源是否等效。

④ 在平面直角坐标系中确定对应以上不同负载时的坐标，研究是否落在给定的外特性曲线上。

表 1-5　电源外特性测量

		$R_L = 50\Omega$		$R_L = 100\Omega$		$R_L = 200\Omega$		$R_L = 300\Omega$	
		U_L/V	I_L/mA	U_L/V	I_L/mA	U_L/V	I_L/mA	U_L/V	I_L/mA
电压源	计算值								
	测量值								
电流源	计算值								
	测量值								

4. 预习要求

1）复习电压源、电流源特性的有关内容。

2）了解实验设备、仪表型号及使用方法。

3）画出电压源、电流源实验电路，并要求：

① 按给定的外特性计算确定电压源电压和内电阻值。

② 按给定的外特性计算确定电流源电流和内电阻值。

4）对电压源、电流源分别接入不同负载进行计算并填入表格中。

5. 实验注意事项

1）在用恒流源供电的实验中，不要使恒流源的负载开路。

2）不准测量恒压源的短路电流 I_{SC}。（思考一下为什么？）

6. 实验报告要求

1）分析实际电压源外特性，画出曲线。

2）分析实际电流源外特性，画出曲线，与电压源的外特性曲线进行比较。

3）说明电压源、电流源等效变换的意义。

7. 思考题

1）如何用最简单的方法确定电压源和电流源的外特性？

2）电压源、电流源等效变换的条件怎样通过实验得到验证？

3）等效的电压源与电流源内电阻上损耗是否相等？

4）怎样理解理想电压源和理想电流源是最大功率源？

5）理想电压源和理想电流源是否能等效？

6）如何理解等效的概念？

1.3　受控源研究

1. 实验目的

1）研究4种受控源特性。

2）掌握 VCVS 的转移电压比 μ、VCCS 的转移电导 g、CCVS 的转移电阻 r 和 CCCS 的转移电流比 α 的测量方法。

3）了解实际受控源的特点及其与理想受控源的区别。

4）通过对电压、电流的测量，进一步熟悉并掌握万用表和直流稳压电源的使用方法。

2. 实验器材与设备

1）主要设备：实验电路板、直流电压表、直流电流表、万用表、直流稳压电源等。

2）给出的实验参数：$\mu =$ _____，$g =$ _____，$r =$ _____，$\alpha =$ _____。

3. 实验原理

1）电源有独立电源与非独立电源（或称为受控源）之分。受控源与独立电源的不同点是：独立电源的电压 U_S 或电流 I_S 是某一固定的数值或时间的函数，它不随电路其余部分的状态而变。而受控源的电压或电流则是随电路中某一支路的电压或电流改变的一种电源。

2）独立源是二端元件，受控源则是四端元件，或称为双口元件。它有一对输入端（U_1 或 I_1）和一对输出端（U_2 或 I_2）。输入端可以控制输出端电压或电流的大小。施加于输入端的控制量可以是电压或电流，因而有两种受控电压源（即电压控制电压源 VCVS 和电流控制电压源 CCVS）和两种受控电流源（即电压控制电流源 VCCS 和电流控制电流源 CCCS）。它们的示意图电路如图 1-3 所示。

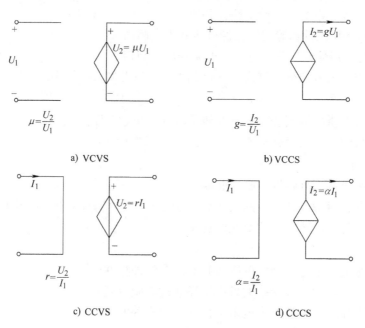

图 1-3 受控源示意图电路

4. 实验内容与要求

1）研究受控源特性。

① 受控源实验电路如图 1-4 所示。

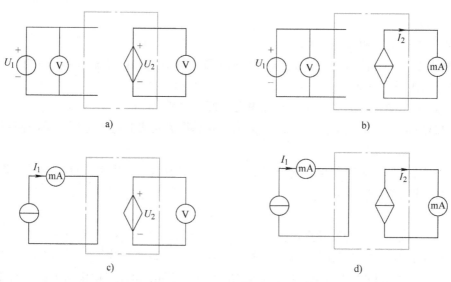

图 1-4 受控源实验电路

② 接通受控源的电源，图 1-4a 中 VCVS 的输入端可以直接接在可调稳压电源上，边调

节输入电压边测量 U_1。同时测量 VCVS 对应的输出电压 U_2，计算 U_2/U_1。测试结果填入表 1-6 中，分析在 U_1 小于多少伏时 $U_2/U_1 = \mu$。

③ 接通受控源的电源，图 1-4b 中 VCCS 的输入端可以直接接在可调稳压源上，边调节输入电压边测量 U_1。同时测量 VCCS 对应的输出电流 I_2，计算 I_2/U_1。测试结果填入表 1-7 中，分析在 U_1 小于多少伏时 $I_2/U_1 = g$。

表 1-6 VCVS 的转移特性

序 号	1	2	3	4	5	6	7
输入电压 U_1/V	1.0	2.0	3.0	4.0			
输出电压 U_2/V							
计算 U_2/U_1							

表 1-7 VCCS 的转移特性

序 号	1	2	3	4	5	6	7
输入电压 U_1/V	1.0	2.0	3.0	4.0			
输出电流 I_2/mA							
计算 I_2/U_1							

④ 接通受控源的电源，图 1-5c 中 CCVS 的输入端可以直接接在可调电流源上，边调节输入电流边测量 I_1。同时测量 CCVS 对应的输出电压 U_2，计算 U_2/I_1。测试结果填入表 1-8 中，分析在 I_1 小于多少毫安时 $U_2/I_1 = r$。

表 1-8 CCVS 的转移特性

序 号	1	2	3	4	5	6	7
输入电流 I_1/mA	1.0	3.0	5.0	7.0			
输出电压 U_2/V							
计算 U_2/I_1							

⑤ 接通受控源的电源，图 1-5d 中 CCCS 的输入端可以直接接在可调电流源上，边调节输入电流边测量 I_1。同时测量 CCCS 对应的输出电流 I_2，计算 I_2/I_1。测试结果填入表 1-9，分析在 I_1 小于多少毫安时 $I_2/I_1 = \alpha$。

表 1-9 CCCS 的转移特性

序 号	1	2	3	4	5	6	7
输入电流 I_1/mA	1.0	3.0	5.0	7.0			
输出电流 I_2/mA							
计算 I_2/I_1							

2）用 EWB 或 Multisim 对电路进行仿真实验。

5. 预习要求

1）复习受控源的有关内容。

2) 画出 4 种受控源的电路图。

3) 对所用电路进行计算并列出表格。

6. 实验注意事项

1) 受控源必须按要求接入直流电源才能工作。

2) 受控源的输入端不能直接接到电压源上，以防电流过大，烧坏受控源或电压源。

7. 实验报告要求

1) 分析 4 种受控源的转移特性。

2) 说明受控源的转移特性和负载特性的意义。

3) 分析并说明实际受控源与理想受控源有何区别？

8. 思考题

1) 4 种受控源中 μ、g、r、α 的意义是什么？如何测得？

2) 为什么实际受控源电路的转移参数只在一定范围内成立？

3) 使用受控源应该注意什么？

1.4 单口网络研究

1. 实验目的

1) 研究单口网络的伏安关系及等效规律。

2) 学习电路的设计方法与基本实验方法。

3) 验证戴维南定理。

4) 了解最大功率传递条件。

5) 进一步熟练掌握电工仪表的使用方法。

2. 实验器材与设备

1) 主要设备：实验电路板、直流电压表、直流电流表、万用表、直流稳压电源、受控源（VCVS、VCCS）、电阻箱等。

2) 实验设备中所提供的元件清单及电源参数。

电阻：_____

_____。受控源：$\mu =$ _____，$g =$ _____。独立电压源 $U_{S1} =$ _____ ~

_____，$U_{S2} =$ _____ ~ _____，独立电流源 $I_S =$ _____ ~ _____。

3. 实验原理

1) 任何一个线性含源网络，如果仅研究其中一条支路的电压和电流，则可将电路的其余部分看作是一个有源二端网络（或称为含源一端口网络）。

戴维南定理指出：任何一个线性有源网络，总可以用一个电压源与一个电阻的串联来等效代替，此电压源的电动势 U_S 等于这个有源二端网络的开路电压 U_{OC}，其等效内阻 R_0 等于该网络中所有独立源均置零（理想电压源视为短接，理想电流源视为开路）时的等效电阻。

2) 有源二端网络等效参数的测量方法。

① 开路电压、短路电流法测 R_0。在有源二端网络输出端开路时，用电压表直接测其输出端的开路电压 U_{OC}，然后在其输出端接入电流表测其短路电流 I_{SC}，则等效内阻为

$$R_0 = \frac{U_{OC}}{I_{SC}}$$

如果二端网络的内阻很小，若将其输出端口短路则易损坏其内部元件，因此不宜用此法。

② 伏安法测 R_0。用电压表、电流表测出有源二端网络的外特性曲线，如图1-5所示。根据外特性曲线求出斜率 $\tan\varphi$，则内阻

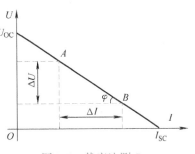

$$R_0 = \tan\varphi = \frac{\Delta U}{\Delta I} = \frac{U_{OC}}{I_{SC}}$$

也可以先测量开路电压 U_{OC}，再测量电流为额定值 I_N 时的输出 U_N，则内阻为

$$R_0 = \frac{U_{OC} - U_N}{I_N}$$

图1-5 伏安法测 R_0

③ 半电压法测 R_0。如图1-6所示，当负载电压为被测网络开路电压的一半时，负载电阻（由电阻箱的读数确定）即为被测有源二端网络的等效内阻值。

④ 直接测量法测 U_{OC}。当电压表内阻远大于网络内阻时，可直接用电压表或万用表电压档测量之。

⑤ 零示法测 U_{OC}。在测量具有高内阻有源二端网络的开路电压时，用电压表直接测量会造成较大的误差。为了消除电压表内阻的影响，往往采用零示法测量，如图1-7所示。

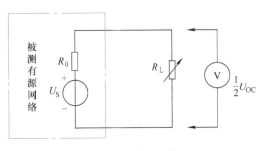

图1-6 半电压法测 R_0

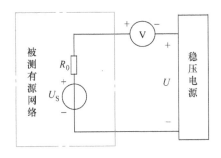

图1-7 零示法测 U_{OC}

零示法测量原理是用一低内阻的稳压电源与被测有源二端网络进行比较，当稳压电源的输出电压与有源二端网络的开路电压相等时，电压表的读数将为"0"。然后将电路断开，测量此时稳压电源的输出电压，即为被测有源二端网络的开路电压。

3）电源与负载功率的关系。

图1-8可视为由一个电源向负载输送电能的模型，R_S 可视为电源内阻和传输线路电阻的总和，R_L 为可变负载电阻。

负载 R_L 上消耗的功率 P 可由下式表示：

$$P = I^2 R_L = \left(\frac{U_S}{R_S + R_L}\right)^2 R_L$$

4）负载获得最大功率的条件。

根据数学求最大值的方法，令负载功率表达式中的 R_L

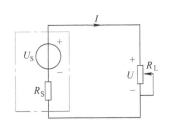

图1-8 电源向负载输送
电能的模型

为自变量，P 为应变量，并使 $\dfrac{\mathrm{d}P}{\mathrm{d}R_L}=0$，即可求得最大功率传输的条件：

$$\frac{\mathrm{d}P}{\mathrm{d}R_L}=0 \text{ 即 } \frac{\mathrm{d}P}{\mathrm{d}R_L}=\frac{\left[(R_S+R_L)^2-2R_L(R_L+R_S)\right]U_S^2}{(R_S+R_L)^4}$$

令 $(R_L+R_S)^2-2R_L(R_L+R_S)=0$，解得：$R_L=R_S$

当满足 $R_L=R_S$ 时，负载从电源获得的最大功率为

$$P_{\max}=\left(\frac{U_S}{R_S+R_L}\right)^2 R_L=\left(\frac{U_S}{2R_L}\right)^2 R_L=\frac{U_S^2}{4R_L}$$

这时，称此电路处于"匹配"工作状态。

5）匹配电路的特点及应用。

在电路处于"匹配"状态时，电源本身要消耗一半的功率。此时电源的效率只有50%。显然，这在电力系统的能量传输过程是绝对不允许的。发电机的内阻是很小的，电路传输的最主要目的是要高效率送电，最好是100%的功率均传送给负载。为此负载电阻应远大于电源的内阻，即不允许运行在匹配状态。而在电子技术领域里却完全不同。一般的信号源本身功率较小，且都有较大的内阻。而负载电阻（如扬声器等）往往是较小的定值，且希望能从电源获得最大的功率输出，而电源的效率往往不予考虑。通常设法改变负载电阻，或者在信号源与负载之间加阻抗变换器（如音频功放的输出级与扬声器之间的输出变压器），使电路处于工作匹配状态，以使负载能获得最大的输出功率。

4. 实验内容与要求

1）设计验证戴维南定理的实验电路，要求该网络：

① 至少含有 6 个或 6 个以上电阻元件，确定其电阻值（从元件清单中选取），其中一个作负载。

② 含有两个独立电源（电压源、电流源均可），确定其电压或电流值。

③ 含有 1 个受控源（非电专业不作要求），实验参考电路示意图如图 1-9 所示。

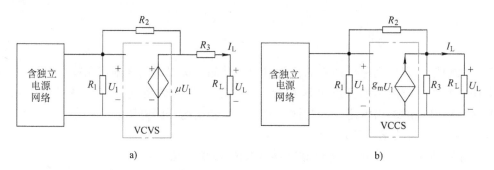

a)   b)

图 1-9 实验参考电路示意图

④ 绘制电路图并标出参考方向。

2）按所设计的实验电路和确定的参数接线：

① 断开负载支路，测量单口网络的开路电压 U_{OC}，填入表 1-10 中。

② 测量该端口的短路电流 I_{SC}，计算等效内电阻 R_0，填入表 1-10 中。

③ 当负载电阻 $R_L=200\Omega$、1000Ω 时，分别测量负载电压 U_L、负载电流 I_L，填入表 1-11 中。

④ 验证戴维南定理。做出等效电压源，令 $U_S = U_{OC}$，$R_S = R_0$，接入原负载电阻 $R_L = 200\Omega$、1000Ω，测量对应的输出电压 U'_L、负载电流 I'_L，填入表 1-11 并与③的结果进行对照。

⑤ 对照原电路和等效电路的伏安关系，得出实验结论。

表 1-10　单口网络参数

	U_{OC}/V	I_{SC}/mA	R_0/Ω
计算值			
仿真值			
测量值			

表 1-11　验证戴维南定理

负载 R_L/Ω		200	1000
原电路	计算值 U_L/V		
	测量值 U_L/V		
	计算值 I_L/V		
	测量值 I_L/V		
等效电路	计算值 U'_L/V		
	测量值 U'_L/V		
	计算值 I'_L/V		
	测量值 I'_L/V		

⑥ 验证最大功率传递定理。单口网络带（电阻箱）负载，调节电阻值，测量该对应电阻的电压 U_L，用 U_L^2/R_L 求得对应的 1 组功率 P，将数据填入表 1-12 中，画出 $P = f(R_L)$ 的曲线，分析在负载上获得最大功率的条件。

表 1-12　验证最大功率传递定理

负载 R_L/Ω	取值规律	$R_0-300\Omega$	$R_0-200\Omega$	$R_0-100\Omega$	$R_0-50\Omega$	R_0	$R_0+50\Omega$	$R_0+100\Omega$	$R_0+200\Omega$	$R_0+300\Omega$
	实际取值									
（测量）负载电压 U_L/V										
（计算）功率值 P/mW										

5. 预习要求

1）明确实验目的，预习有关戴维南定理和最大功率传递定理方面的内容。

2）了解实验设备、仪表型号及使用方法。

3）理解受控源 VCVS 的转移电压比 μ 和 VCCS 的转移电导 g 的意义。

4）事先对所设计的电路进行计算：

① 对所设计的网络进行验算，特别要注意受控源控制支路的 U_1 不要超出设备给出的限定范围。若超出，则应改变电路参数，使之合理，再进行实验。

② 将其中 1 条支路作为负载。计算单口网络的开路电压 U_{OC}、等效内电阻 R_0。

③ 列出单口网络伏安关系式，做出外特性曲线。

④ 确定等效电源参数和伏安关系，并绘出外特性曲线，两者进行比较。

⑤ 分析单口网络获得最大功率的条件，并计算所获得的最大功率 P_{Lmax}。

⑥ 绘制实验计算表格，并填写计算数据。

⑦ 绘制实验测试数据表格，备用（计算与测试数据表格可以合二为一）。

⑧ 用 EWB 或 Multisim 对所设计的电路进行仿真实验，用虚拟仪表测量单口网络的开路电压 U_{OC}、短路电流 I_{SC}，与计算值相对照。测量 U_1，以确认受控源工作是否正常。

5）电路设计必须独立完成，避免与他人雷同。

6. 实验注意事项

1）从理论上讲，受控源的控制量可以为任意值。但是，实验中使用的受控源是用电子元器件组成的放大电路模拟的，有一定的工作范围。因此，受控制量与控制量之间的比值

（转移控制比）只在一定范围内满足要求，即控制量被限定在一定范围内，超出此范围则比例关系（r、g、α、μ）就不存在了。因此，设计电路后要验算受控源的控制支路电压或电流（控制量）是否过大，然后了解实验室的受控源控制量范围，两者如不吻合，则应重新设计电路，否则无法完成本实验。

2）受控源的控制量为电压时，应将该支路并联接入。控制量为电流时，应将控制支路串入电路，同时注意方向。

3）要注意在同一台实验设备上受控源输入端和独立源的共地问题，避免造成接线时短路。

7. 思考题

1）测量含源单口网络的戴维南等效电阻共有 4 种方法，每种方法适用于什么条件？为什么？

2）直接测量只含独立源的单口网络的等效内电阻 R_0 时，应将含源网络中独立源置零，在实验中如何实施？

1.5 交流电路元件参数的测量

1. 实验目的

1）学习使用功率表、电压表和电流表测定交流电路元件参数的方法。
2）加强对正弦稳态电路中电压、电流相量分析的理解。
3）深入理解 R、L、C 元件在交流电路中的作用及分析方法。
4）学习自耦调压器、滑线变阻器的使用方法。

2. 实验器材与设备

实验电路板、功率表或功率因数表、交流电压表、交流电流表、万用表、自耦调压器、40W 荧光灯镇流器、电容、电阻、测电流插座板等。

3. 实验原理

通过三表法实验来测量电阻、电感和电容等参数，根据测量的数据，学会用相量法计算需要测量的参数。

4. 实验内容与要求

1）研究用三表法测量、确定镇流器的 R、L 参数的方法（这里不允许使用电阻表和电感表测量 R 或 L，实际上也是无法准确测量的）。

① 镇流器可以看成 RL 串联电路，实验中自耦调压器应用参考电路如图 1-10 所示，这里待测参数即镇流器的参数。

② 由于荧光灯镇流器在不同工作电流下功率损耗是不同的，这里按 40W 荧光灯镇流器工作在额定状态下电压为 160V 为基准，进行测量。

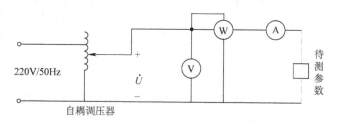

图 1-10 三表法测量交流电路元件参数

调节自耦调压器使电压表的读数为 160V，同时记录电流表、功率表读数，填入表 1-13 中，根据所测 P、U、I 分析计算 R、L 值。

表 1-13 三表法测量镇流器参数

U/V	I/mA	P/W	参数计算值		
			$\cos\varphi$	R/Ω	L/mH
160					

2）研究并设计出用测量电压确定镇流器的 R、L 参数的方法。

① 将待测参数镇流器与电阻 R' 串联，接入自耦调压器，调节电压 U，测量镇流器上电压使 $U_{RL} = 160\text{V}$，用电压表再分别测量 R' 上电压 U'_R 和电压 U，电压表测量交流电路元件参数如图 1-11 所示。根据正弦稳态电路的相量分析法，应用所测的 3 个电压，分析并求出镇流器的 R、L 值。

② R' 的选取。用滑线变阻器调节出一个固定电阻值（用万用表欧姆档测量，数值可在 $80 \sim 150\Omega$ 之间选取，因为要保证 $U_{RL} = 160\text{V}$，所以 R' 取值越大，U 自然调得也要高一些）。

③ 将所测量的数据填入表 1-14 中，计算结果与表 1-13 相对照。

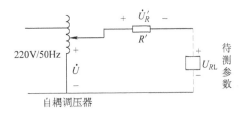

图 1-11 电压表测量交流电路元件参数

表 1-14 测量电压法分析镇流器参数

U/V	U'_R/V	U_{RL}/V	参数计算值	
			R/Ω	L/mH
		160		

3）电抗性质判定。如果某阻抗需要判知是感性还是容性，但又没有功率因数表，可以用与被测阻抗并联小电容的办法来判别电抗性质。这里取 $C = 1\mu\text{F}$，耐压 450V，与被测参数并联后总电流变小，则可知该被测参数是感性；若与被测参数并联后总电流变大，则可知该被测参数是容性。

4）研究用三表法测量、确定电容器参数的方法。图 1-10 中待测参数改为电容，已知 $C = 4.3\mu\text{F}$，耐压 450V，测量内容同上，把表 1-13 中 L 改为 C，进行测量验证电容的参数（这里不允许使用电容表测 C）。

5）研究并设计出用测量电压确定电容器参数的方法。图 1-10 中待测参数改为电容，已知 $C = 4.3\mu\text{F}$，耐压 450V，测量 3 个电压，把表 1-14 中 L 改为 C，进行测量验证电容的参数（此时 U_{RL} 改为 U_C，参数计算值中无 R 项）。

5. 预习要求

1）复习正弦交流电路中 RL 串联、RC 串联的简单二端网络的伏安特性及功率的计算，熟练掌握阻抗三角形、电压三角形并应用相量图分析各物理量之间的关系，熟记有关计算公式。

2）拟出实验表格，应有测量值、计算值等栏目。

6. 实验注意事项

1）把实验用元件电阻 R 和电容 C 看成单一参数元件。电阻 R 除选阻值外，还要确定合适的功率。电容器除了容量外，还应确定耐压。

2）功率表的电流线圈应串入电路，电压线圈应并联接入电路，两线圈带·号的端钮应该连在一起。

3）电流表和功率表电流线圈要选择合适的量程，严禁超量程。为测量方便，应使用测电流插头和插座板。

4）自耦调压器一次侧、二次侧不能接反。通电前，调压器的手轮应调到零位，通电后逐渐升压，要注意电流表指示值，不要超过调压器和负载允许通过的电流。

5）严禁带电拆、改接线，注意安全。

7. 实验报告要求

1）根据测试数据结合相量分析，计算 R、L、C 值，填入表格，并列公式进行分析。画出相量图。

2）问题研究：现有一个空心电感线圈，试设计采用交直流法（通过测量直流电压、电流，测量交流电压、电流）分析线圈的电阻 R 和电感 L 的方法。

3）总结心得体会和收获。

8. 思考题

1）如何确定所用电阻元件的额定功率？若不考虑功率会怎样？

2）镇流器为什么不是纯电感而是等效成 RL 串联？

3）电路中有效值 U_C、U_R 与 U 的关系怎样？画出相量图分析并说明。

4）为什么实际电路元件中，一般情况下电阻、电容比较接近单一参数，而电感线圈却不能？在什么条件下电感线圈比较接近单一参数？

5）使用自耦调压器应当注意什么？

1.6　*RLC* 串联电路的频率特性——谐振

1. 实验目的

1）通过对 *RLC* 串联电路频率特性的测量与分析，加深对频率特性曲线的理解。

2）进一步理解串联谐振的特点及改变频率特性的方法。

3）深入理解 R、L、C 元件在交流电路中的作用及分析方法，加强对正弦稳态电路中电压、电流相量分析的理解。

4）学习使用毫伏表和函数发生器。

2. 实验器材与设备

1）主要设备：实验电路板、毫伏表、函数发生器等。

2）实验设备中提供的元件清单：

$L = $ _____ mH，$C_1 = $ _____ μF，$C_2 = $ _____ μF，$R_1 = $ _____ Ω，$R_2 = $ _____ Ω。

3. 实验原理

利用 R、L 和 C 串联谐振电路的特点测量谐振频率时对应的电流、电压等参数。再分别测量谐振频率左右两侧不同频率时对应的电流、电压等参数。

4. 实验内容与要求

1）实验电路如图 1-12 所示。

2）按实验电路接线并测量各数据。

① 操作顺序是：调节函数发生器（正弦波）频率为某值→检测并调节输出电压，使有效值 U_S 保持为定值 1V→测量电阻上电压 U_R……。当 U_R 最大，且 U_L 略大于 U_C 时即为谐振频率点。要随时记下每一步的测试数据。

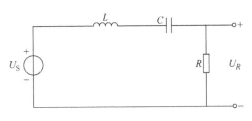

图 1-12 *RLC* 串联电路频率特性
测试实验电路图

完成以上实验内容后，研究并实现以下实验内容：

② 将 C 增大 1 倍（并联 1 个相同容量的电容），L、R 不变，测量 *RLC* 串联电路的频率特性。测量谐振时 U_L 与 U_C 值。

③ 将 R 增大 1 倍（串联 1 个相同阻值的电阻），L、C 数值同①，测量 *RLC* 串联电路的频率特性。测量谐振时 U_L 与 U_C 值。

④ R 数值同③，L、C 数值同②，测量 *RLC* 串联电路的频率特性。测量谐振时 U_L 与 U_C 值。

以上 4 个步骤的数据分别填入表 1-15 所示的 4 个表格中。其中电流 I 可根据 U_R/R 求出。

⑤ 绘出 4 条频率特性曲线（画在同一坐标系中以便比较），分析说明品质因数有无改变？谐振频率有无变化？

表 1-15 *RLC* 串联电路的频率特性（电路参数：$U_S = 1V$, $L =$ mH, $C =$ μF, $R =$ Ω）

频率/kHz	取值规律	$f_0 -$ 4kHz	$f_0 -$ 2kHz	$f_0 -$ 1kHz	$f_0 -$ 0.5kHz	$f_0 -$ 0.2kHz	f_0	$f_0 +$ 0.2kHz	$f_0 +$ 0.5kHz	$f_0 +$ 1kHz	$f_0 +$ 2kHz	$f_0 +$ 4kHz
	实际取值											
U_R/V	计算值											
	测量值											
I/mA												
谐振时				$U_L =$ V, $U_C =$			V, $U_R =$		V, $I_0 =$		mA	

3）应用 EWB 或 Multisim 进行仿真实验。

5. 预习要求

1）复习正弦交流电路中 *RLC* 串联电路频率特性的有关内容。

2）提前了解实验设备、仪表型号及使用方法。

3）按照实验室给定的 L、C_1、C_2 参数值，计算谐振频率值 f_{01}、f_{02}。

4）绘制 4 种情况下的测试数据表格。

6. 实验注意事项

1）每改变一次信号频率，均需调节一次 U_S，使之始终保持定值。

2）在谐振点附近选择的测量点要密集一些。

3）毫伏表在使用前要先通电调零，要注意量程。

4）函数发生器输出端不准短路。

7. 实验报告要求

1）根据测试数据画出 4 条频率特性曲线，并进行比较和分析说明问题。

2）总结心得体会和收获。

8. 思考题

1）在实验中如何判断该电路发生了谐振？为什么？

2）如何利用测量数值求得品质因数 Q？

3）L、C 不变，而改变 R 所得两曲线不同，说明什么问题？

4）改变 R 是否影响谐振频率？改变 C 是否影响谐振频率？

5）RLC 串联电路在 $f < f_0$ 或 $f > f_0$ 时各呈现什么性质？如何通过实验测量数据说明？

6）为什么每改变一次频率，会使函数发生器输出电压发生变化？你发现了什么规律？

7）为什么信号源频率调整后，均要调整 U_S 使之保持在某一固定值？

8）为什么实验中谐振时 U_L 略大于 U_C，而不是相等？

1.7 RC 选频网络的研究

1. 实验目的

1）研究 RC 选频网络的选频特性。

2）学会用交流毫伏表和示波器测定两种电路的幅频特性和相频特性。

2. 实验器材与设备

示波器、信号发生器、实验板、电阻器、电容器等。

3. 实验原理

1）文氏桥电路。

文氏桥电路是一个 RC 的串、并联电路，如图 1-13 所示。该电路结构简单，被广泛地用于低频振荡电路中作为选频环节，可以获得很高纯度的正弦波电压。

文氏桥电路的一个特点是其输出电压幅度不仅会随输入信号的频率而变，而且还会出现一个与输入电压同相位的最大值。

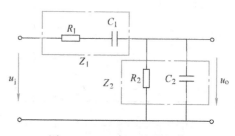

图 1-13 RC 串、并联电路

由电路分析得知，该网络的传递函数为

$$\beta = \cfrac{1}{3 + \mathrm{j}\left(\omega RC - \cfrac{1}{\omega RC}\right)}$$

当角频率 $\omega = \omega_0 = \dfrac{1}{RC}$ 时，$|\beta| = \dfrac{U_o}{U_i} = \dfrac{1}{3}$，此时 u_o 与 u_i 同相。可见 RC 串、并联电路具有带通特性。

2）将上述电路的输入和输出分别接到双踪示波器的 Y_A 和 Y_B 两个输入端，改变输入正弦信号的频率，观测相应的输入和输出波形间的时延 τ 及信号的周期 T，则两波形间的相位差为：

$$\varphi = \frac{\tau}{T} \times 360° = \varphi_o - \varphi_i \quad (\text{输出相位与输入相位之差})$$

将各个不同频率下的相位差 φ 画在以 f 为横轴，φ 为纵轴的坐标纸上，用光滑的曲线将这些点连接起来，即是被测电路的相频特性曲线。

由电路分析理论得知，当 $\omega = \omega_0 = \dfrac{1}{RC}$，即 $f = f_0 = \dfrac{1}{2\pi RC}$ 时，$\varphi = 0$，即 u_o 与 u_i 同相位。

3）RC 双 T 电路。

RC 双 T 电路如图 1-14 所示。

由电路分析可知：双 T 网络零输出的条件为

$$\frac{1}{R_1} + \frac{1}{R_2} = \frac{1}{R_3}, \quad C_1 + C_2 = C_3$$

若选 $R_1 = R_2 = R$，$C_1 = C_2 = C$

则 $R_3 = \dfrac{R}{2}$，$C_3 = 2C$

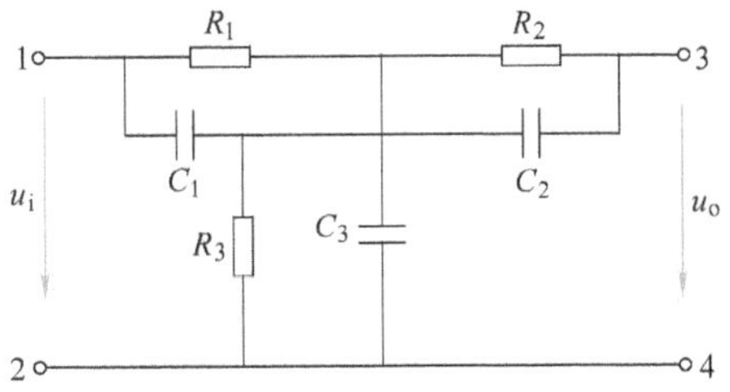

图 1-14　RC 双 T 电路

该双 T 电路的频率特性为$\left(\text{令 } \omega_0 = \dfrac{1}{RC}\right)$

$$F(\omega) = \frac{\dfrac{1}{2}\left(R + \dfrac{1}{j\omega C}\right)}{\dfrac{2R(1 + j\omega RC)}{1 - \omega^2 R^2 C^2} + \dfrac{1}{2}\left(R + \dfrac{1}{j\omega C}\right)} = \frac{1 - \left(\dfrac{\omega}{\omega_0}\right)^2}{1 - \left(\dfrac{\omega}{\omega_0}\right)^2 + j4\dfrac{\omega}{\omega_0}}$$

当 $\omega = \omega_0 = \dfrac{1}{RC}$ 时，输出辐值等于 0，相频特性呈现 $\pm 90°$ 的突跳。

参照文氏桥电路的做法，也可画出双 T 电路的幅频和相频特性曲线，双 T 电路具有带阻特性。

4. 实验内容与步骤

1）测量 RC 串、并联电路的幅频特性。

① 利用阻容元件按图 1-13 连接线路。取 $R_1 = R_2 = 1\text{k}\Omega$，$C_1 = C_2 = 0.1\mu\text{F}$。

② 调节信号源输出电压为 3V 的正弦信号，接入图 1-13 的输入端。

③ 改变信号源的频率 f（由频率计测量），并保持 $u_i = 3\text{V}$ 不变，测量输出电压 u_o（可先测量 $\beta = 1/3$ 时的频率 f_0，然后再在 f_0 左右设置其他频率点测量），将数据填入表 1-16 中。

④ 取 $R_1 = R_2 = 200\Omega$，$C_1 = C_2 = 2.2\mu\text{F}$，重复上述测量。

表 1-16　RC 串、并联电路的幅频特性

$R_1 = R_2 = 1\text{k}\Omega,\ C_1 = C_2 = 0.1\mu\text{F}$		$R_1 = R_2 = 200\Omega,\ C_1 = C_2 = 2.2\mu\text{F}$	
f/Hz	u_o/V	f/Hz	u_o/V

2）测量 RC 串、并联电路的相频特性。

将图 1-13 的输入 u_i 和输出 u_o 分别接至双踪示波器的 Y_A 和 Y_B 两个输入端，改变输入正弦信号的频率，观测不同频率点时，相应的输入与输出波形间的时延 τ 及信号的周期 T。两波形间的相位差为：$\varphi = \varphi_o - \varphi_i = \dfrac{\tau}{T} \times 360°$。

3）测量 RC 双 T 电路的幅频特性

① 利用阻容元件按图 1-14 连接线路。取 $R_1 = R_2 = R_3 = 1\text{k}\Omega$，$C_1 = C_2 = C_3 = 0.1\mu\text{F}$。

② 调节信号源输出电压为 3V 的正弦信号，接入图 1-14 的输入端。

③ 改变信号源的频率 f（由频率计测量），并保持 $u_i = 3\text{V}$ 不变，测量输出电压 u_0（可先测量 $\beta = 1/3$ 时的频率 f_0，然后再在 f_0 左右设置其他频率点测量），将数据填入表 1-17 中。

④ 取 $R_1 = R_2 = R_3 = 200\Omega$，$C_1 = C_2 = C_3 = 2.2\mu\text{F}$，重复上述测量。

4）测量 RC 双 T 电路的相频特性（同步骤 2）。

表 1-17 RC 双 T 电路的幅频特性

$R_1 = R_2 = R_3 = 1\text{k}\Omega$, $C_1 = C_2 = C_3 = 0.1\mu\text{F}$				$R_1 = R_2 = R_3 = 200\Omega$, $C_1 = C_2 = C_3 = 2.2\mu\text{F}$			
f/Hz	T/ms	τ/ms	φ	f/Hz	T/ms	τ/ms	φ

5. 预习要求

1）计算 RC 选频网络的传递函数 $H(j\omega)$。

2）计算中心频率 f_0（或 ω_0）及 $H(\omega_0)$、$\varphi(\omega_0)$ 的值。

3）计算 $|H(j\omega)|/|H(\omega_0)|$ 的值为 0.707、1/2、1/3、1/5、1/10 时所对应的各频率点（共 10 个点），并画出选频网络的幅频特性曲线。

4）设计并列出实验计算表格，填写计算数据。

5）设计并列出实验测试表格备用。

6. 实验基础知识与说明

1）信号发生器输出幅度的调整。信号发生器由于受到自身频率响应特性和输出内阻的影响，当输出频率改变时，它的输出幅度也会发生变化，因此在测量时，应在每次改变频率后，调整输出幅度，使得信号发生器在整个测量频率范围内，输出幅度保持一致。

2）采用双踪示波器测量说明。

① 示波器的两个输入通道分别接在网络的输入端和输出端。

② 用示波器监视并测量信号发生器的输出幅度（网络的输入端），在整个测量频率范围，应保持该通道显示的峰峰值不变。

③ 用 RC 网络输出信号的相位或幅度特点，测量 RC 网络的中心频率。当输入信号频率等于网络的中心频率时，网络的输出信号与输入信号同相，且输出幅度达到最大值。因此，在扫描状态下，示波器显示网络输出幅度为最大时的输入频率即网络的中心频率，或在输入输出置 $X-Y$ 工作状态下，示波器显示一条斜线时（此时输入输出同相）的输入频率即网络的中心频率。

④ 适当调节垂直灵敏度和扫描速率，可测量出在不同频率下所对应的网络输出端的幅值和输入输出的相位差，并可观察到输入频率变化时输出相位的变化情况。

7. 思考题

1）当输入频率从零到无穷大变化时，输出的相位如何变化？

2）当 R_1 与 R_2、C_1 与 C_2 不相等时，写出 f_0 的表达式和 $H(\omega_0)$ 的表达式。

3）试分析测量结果与计算值之间的误差产生原因。

1.8　荧光灯电路及功率因数的提高

1. 实验目的

1）了解荧光灯电路的组成、工作原理和电路的连接。

2）熟悉正弦交流电路的主要特点：

① 掌握交流串联电路中总电压与各部分电压的关系。

② 掌握交流并联电路中总电流与支路电流的关系。

③ 了解感性负载电路提高功率因数的方法。

④ 学习正确使用交流电流表、交流电压表和功率表。

2. 实验器材与设备

1）主要设备：交流电流表、电压表和功率表等。

2）给出的设备和元件参数：＿＿＿＿＿ W 荧光灯 1 套，电容器 ＿＿＿＿＿ μF，＿＿＿＿＿ μF，＿＿＿＿＿ μF，＿＿＿＿＿ μF，＿＿＿＿＿ μF，耐电压＿＿＿＿＿ V。

3. 实验原理

荧光灯电路由于有镇流器，它是一个带铁心的线圈，因此呈现的是感性，功率因数较低。采用并联电容的办法提高电路的功率因数，在一定范围内随着并联电容容量的增大，u、i 的相位差逐渐变小，功率因数得到提高，电路的总电流减小。而并联电容容量增大到一定程度后，会出现过补偿，使得功率因数又会下降。

4. 实验内容与要求

1）实验电路见图 1-15。把荧光灯管看成电阻，把镇流器看成感性元件。

2）连接实验电路，进行测试，记录数据：

① 首先点亮荧光灯，测试电源电压 U，灯管电压 U_R、镇流器电压 U_L、电流 I 及功率 P，计算功率因数。

测量电压使用万用表交流电压档；测量电流时把交流电流表连上测电流插头，分别插入对应的测电流插座，以保证方便和安全；测量功率时把功率表电流线圈串联到干路测电流 I 插座后，电压线圈并联到电源两端。

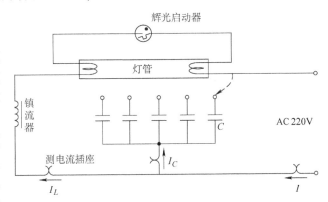

图 1-15　荧光灯实验电路

② 并联不同的电容（1~5μF），再分别测试各电压及总电流 I、电容电流 I_C、灯管电流 I_L 及功率 P，并计算功率因数，数据填入表 1-18 中。

5. 预习要求

1）了解荧光灯电路实验装置的结构及工作原理。

2）画出荧光灯电路的实验电路图（画出功率表、电压表、电流表的连接方法）。

表 1-18　荧光灯实验数据

并联电容 /μF	测量值 $U = $ ____ V, $U_R = $ ____ V, $U_L = $ ____ V				计算值
	I/mA	I_C/mA	I_L/mA	P/W	$\cos\varphi$
$C = 0$					
$C = $					
$C = $					
$C = $					
$C = $					
$C = $					

3）编制测量数据的表格。

4）了解功率表的使用方法。

6. 实验注意事项

1）荧光灯启动电流较大，启动时要注意电流表的量程，以防损坏电流表。

2）不能将 220V 的交流电源不经过镇流器而直接接在灯管两端，否则将损坏灯管。

3）在拆除实验电路时，应先切断电源，稍后将电容器放电，然后再拆除。

4）线路接好后，必须经教师检查允许后方可接通电源，在操作过程中要注意人身及设备安全。

7. 实验报告要求

1）画出实验电路图并简述其工作原理。

2）将所测得的实验数据和计算数据填写在所设计的表格内。

3）根据所得数据，按比例画出电源电压和荧光灯支路电流 I_R、电容支路电流 I_C、总电流 I 的相量图。

4）回答思考题。

8. 思考题

1）为什么在感性电路中，常用并联电容的方法来提高电路的功率因数而不用串联电容的方法？

2）当电容量改变时，功率表的读数、荧光灯的电流、功率因数是否改变？为什么？

3）是否并联电容越大，功率因数就越高？为什么？

1.9　三相电路研究

1. 实验目的

1）掌握三相负载的丫、△联结。

2）验证三相对称负载作丫联结时线电压和相电压的关系，△联结时线电流和相电流的关系。

3）了解不对称负载作丫联结时中性线的作用。

4）观察不对称负载作△联结时的工作情况。

2. 实验器材与设备

三相电源、实验电路板（三相负载）、交流电压表、交流电流表、测电流插座板等。

3. 实验原理

1）当三相对称负载作丫联结时，线电压 U_1 是相电压 U_p 的 $\sqrt{3}$ 倍，线电流 I_1 等于相电流 I_p，即

$$U_1 = \sqrt{3}\,U_p，I_1 = I_p$$

在这种情况下，流过中性线的电流 $I_0 = 0$，所以可以省去中性线。

当对称三相负载作△联结时，有 $I_1 = \sqrt{3}\,I_p$，$U_1 = U_p$。

2）不对称三相负载作丫联结时，必须采用三相四线制接法，即丫$_0$联结。而且中性线必须牢固连接，以保证三相不对称负载的每相电压维持对称不变。如果中性线断开，会导致三相负载电压的不对称，致使负载轻的那一相的相电压过高，使负载遭受损坏；负载重的一相相电压又过低，使负载不能正常工作。尤其是对于三相照明负载，无条件地一律采用丫$_0$联结。

4. 实验内容与要求

1）三相负载作丫联结时的实验电路（对称时每相两个灯泡并联，不对称时 C 相只有 1 个灯泡）如图 1-16 所示。

2）按实验电路接线并测量各数据并填入表 1-19 中。

① 对称负载（有中性线）时，测量各线电压、相电压及线电流、相电流，测量中性线电流。

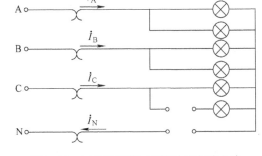

图 1-16　三相负载作丫联结时的实验电路

② 对称负载（无中性线）时，测量各线电压、相电压及线、相电流。

③ 不对称负载（有中性线）时，测量各线电压、相电压及线、相电流，测量中性线电流。

④ 不对称负载（无中性线）时，测量各线电压、相电压及线、相电流。

表 1-19　负载作丫联结

负载	中性线		线电压/V			相电压/V			相（线）电流/A			中性线电流/A
			U_{AB}	U_{BC}	U_{CA}	U_A	U_B	U_C	I_A	I_B	I_C	I_N
对称	有	计算值										
		测量值										
	无	计算值										
		测量值										
不对称	有	计算值										
		测量值										
	无	计算值										
		测量值										

3）三相负载作△联结时的实验电路（对称时每相两个灯泡，不对称时 C 相只有 1 个灯泡）如图 1-17 所示。

4）按实验电路接线并测量各数据并填入表 1-20 中。

① 对称负载时，测量各线电流和相电流。

② 不对称负载时，测量各线电流和相电流。

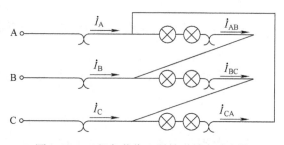

图 1-17　三相负载作△联结时的实验电路

5. 预习要求

1）复习三相电路有关内容。

2）了解实验室三相电源、实验设备、仪表型号及使用方法。

表 1-20　负载作△联结

负　　载		（线）相电压/V			线电流/A			相电流/A		
		U_{AB}	U_{BC}	U_{CA}	I_A	I_B	I_C	I_{AB}	I_{BC}	I_{CA}
负载对称 每相2个灯	计算值									
	测量值									
A 线断开 每相2个灯	计算值									
	测量值									
AB 相断开 每相2个灯	计算值									
	测量值									

3）用 EWB 或 Multisim 进行仿真实验（在电路中用 1kΩ 电阻代替灯泡）。

6. 实验注意事项

1）接线后认真检查线路无误再通电，注意安全。

2）改接线路要先断电，不准带电操作。

3）认真记下每个测电流插座的编号，记录数据对号入座，以免得出错误结论。注意测电流插头和插座的使用方法。

4）负载丫联结时所测相电压是指每相负载电压，而不是电源相电压。

5）注意仪表的量程和使用方法。

6）注意每相负载的额定电压值和与电源的适配。

7. 实验报告要求

1）根据测试数据分析三相对称负载的线、相电压以及线、相电流的关系和规律。

2）总结心得体会和收获。

8. 思考题

1）在三相四线制供电系统中，中性线的作用是什么？负载在什么情况下可以不接中性线，什么情况下必须接中性线？

2）在三相四线制供电系统中，当负载的额定电压与电源相电压相同时，负载应接成_____形，当负载的额定电压与电源线电压相同时，应接成_____形。

3）三组相同的灯泡负载Y联结有中性线时，中性线电流_____（有/无），若去掉中性线，对灯泡亮度_____（有/无）影响。

4）三相不对称灯泡负载Y联结有中性线时，三相线电流_____（相等/不相等），中性线电流_____（有/无）。若去掉中性线，则对三相灯泡亮度_____（有/无）影响。_____（相电压高的/相电流大的）一相变得更亮。

5）三相对称灯泡负载作△联结，如果 CA 相负载断开，则 AB 相灯的亮度_____（正常/不正常），BC 相灯的亮度_____，线电流发生变化的是_____相，其大小为正常值的_____。

6）三相对称灯泡负载作△联结，如果 C 相电源线断开，则 AB 相灯泡亮度_____（不变/变亮/变暗），BC 相灯泡亮度_____，CA 相灯泡亮度_____，线电流 I_A 是正常值的_____，线电流 I_B 是正常值的_____。

1.10 三相电路功率的测量

1. 实验目的

1）学习用一功率表法和二功率表法测量三相电路的有功功率。
2）进一步熟练掌握功率表的接线和使用方法。

2. 实验器材与设备

实验板、功率表、三相电阻性负载板（灯泡板）等。

3. 实验原理

1）对于三相四线制供电的三相Y联结的负载（即Y₀联结），可用一只功率表先后测量各相的有功功率 P_A、P_B、P_C，则三相负载的总有功功率 $\sum P = P_A + P_B + P_C$。这就是一功率表法，如图 1-18a 所示（A、B、C 三相先后分别接入功率表）。若三相负载是对称的，则只需测量一相的功率，再乘以 3 即得三相总的有功功率。

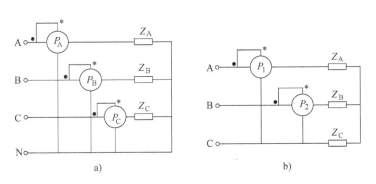

图 1-18 一功率表法和二功率表法测量三相电路的有功功率

2）三相三线制供电系统中，不论三相负载是否对称，也不论负载是Y联结还是△联结，都可用二功率表法测量三相负载的总有功功率 P。测量电路如图 1-18b 所示。

由于三相功率瞬时值可表示为

$$p_A + p_B + p_C = u_A i_A + u_B i_B + u_C i_C$$

而二功率表法瞬时功率表达式为

$$p_1 + p_2 = u_{AC} i_A + u_{BC} i_B$$
$$= (u_A - u_C) i_A + (u_B - u_C) i_B$$
$$= u_A i_A + u_B i_B + u_C (-i_A - i_B)$$

在三相三线制中，根据 KCL

$$i_A + i_B + i_C = 0$$
$$i_C = -i_A - i_B$$

故

$$p_1 + p_2 = u_A i_A + u_B i_B + u_C i_C$$

可见三功率表法与二功率表法瞬时功率表达式是相同的，因此二功率表法和三功率表法所测有功功率结果是一致的。

这里需要说明以下几点：

① 二功率表法测量三相电路功率时，单只功率表的读数无物理意义。

② 二功率表法不适用于不对称三相四线制电路。

③ 两只功率表读数的代数和即为三相负载的总有功功率。如果其中一只功率表指针反向偏转，为了读数，应将电流线圈的两端互换，使指针正向偏转，但读数取负值。

4. 实验内容与步骤

1）用一功率表法测定三相功率。对称 Υ_0 联结以及不对称 Υ_0 联结三相负载的总功率的测量均可按图 1-18a 电路接线。电路中可以用电流表和电压表监视该相的电流和电压，不要超过功率表电压和电流的量程。经指导教师检查后，接通三相电源，调节调压器输出，使输出线电压为 220V，按表 1-21 的要求进行测量及计算。

表 1-21　一功率表法测量三相电路的有功功率

负 载 情 况	接 灯 盏 数			测 量 数 据			计 算 值
	A 相	B 相	C 相	P_A/W	P_B/W	P_C/W	ΣP/W
Υ_0 联结对称负载	3	3	3				
Υ_0 联结不对称负载	1	2	3				

首先将功率表按图 1-18a 接入 A 相进行测量，然后再换接到 B 相和 C 相进行测量。验证当三相负载对称时，只需测量一相功率，将数值乘以 3，即可得到总功率。当负载不对称时，将测得的三相功率相加即可得到总功率。

2）用二功率表法测定三相负载的总功率。按图 1-18b 接线，将三相灯组负载作 Υ 联结，接入功率表。

经指导教师检查后，接通三相电源，调节调压器的输出线电压为 220V，按表 1-22 的内容进行测量。

验证三相功率总和 $\Sigma P = P_1 + P_2$，而 P_1、P_2 本身不含实际意义。

3）将三相灯组负载改成 $\triangle$ 联结，重复 2）的测量步骤，数据填入表 1-22 中。

表 1-22　二功率表法测量三相电路的有功功率

负载情况	接灯盏数			测量数据		计算值
	A 相	B 相	C 相	P_1/W	P_2/W	$\Sigma P/W$
Y联结对称负载	3	3	3			
Y联结不对称负载	1	2	3			
△联结对称负载	3	3	3			
△联结不对称负载	1	2	3			

5. 预习要求

1）明确实验目的，预习三相电路功率的基本概念和功率测量的有关知识。

2）绘制电路图，并对所用负载分别进行功率计算。

3）写出实验预习报告，列出实验测试表格备用。

6. 思考题

如图 1-18b 所示测量电路，设 Z_A、Z_B、Z_C 相等，电源相序为 A—B—C。试回答：

1）$P_1 = P_2$，则负载是什么性质（阻性、感性或容性)？

2）若 $P_1 > P_2$，则负载是什么性质?

3）设 Q 代表电路的无功功率，φ 为负载的功率因数角，试推导下列关系式：

① $Q = \sqrt{3}(P_1 - P_2)$

② $\varphi = \arctan \sqrt{3}\left(\dfrac{P_1 - P_2}{P_1 + P_2}\right)$

4）如何用一表法测量对称负载的无功功率?

1.11　非正弦周期信号的分解与合成

1. 实验目的

1）用同时分析法观测非正弦信号的分解及信号的频谱以验证傅里叶级数。

2）观测基波和其谐波的合成。

2. 实验器材与设备

双踪示波器、函数信号发生器、实验电路板（或箱）等。

3. 实验原理

设 $f(t)$ 为任意周期函数，其周期为 T，角频率 $\omega_1 = 2\pi f = 2\pi/T$。若 $f(t)$ 满足下列狄里赫利条件：

1）在一个周期内连续或只有有限个第一类间断点。

2）在一个周期内只有有限个极大值或极小值，则 $f(t)$ 可以展开成傅里叶级数，即

$$f(t) = \frac{a_0}{2} + a_1\cos\omega_1 t + a_2\cos 2\omega_1 t + \cdots + b_1\sin\omega_1 t + b_2\sin 2\omega_1 t + \cdots$$

$$= \frac{a_0}{2} + \sum_{k=1}^{\infty}(a_k\cos k\omega_1 t + b_k\sin k\omega_1 t) \tag{1-1}$$

式中，a_0、a_k、b_k 称傅里叶系数，可由下式求得

$$a_0 = \frac{2}{T}\int_{-\frac{T}{2}}^{\frac{T}{2}} f(t)\,\mathrm{d}t, \quad a_k = \frac{2}{T}\int_{-\frac{T}{2}}^{\frac{T}{2}} f(t)\cos k\omega_1 t\mathrm{d}t, \quad b_k = \frac{2}{T}\int_{-\frac{T}{2}}^{\frac{T}{2}} f(t)\sin k\omega_1 t\mathrm{d}t$$

如把式(1-1)中的同频率正弦项和余弦项合并，可得

$$f(t) = \frac{A_0}{2} + \sum_{k=1}^{\infty} A_k\sin(k\omega_1 t + \varphi_k) \tag{1-2}$$

不难得出式(1-1)和式(1-2)间有下列关系：

$$A_0 = a_0, \quad A_k = \sqrt{a_k^2 + b_k^2}, \quad \varphi_k = \arctan\frac{a_k}{b_k}$$

和

$$a_k = A_k\sin\varphi_k, \quad b_k = A_k\cos\varphi_k$$

在电工技术中所遇到的周期信号，通常都能满足狄里赫利条件，于是从式(1-2)可知，一个非正弦周期信号可以看成是各次谐波之和，即可以看成是由各种不同频率、幅度和初相的正弦波叠加而成的。其傅里叶级数为

$$f(t) = \frac{4U_m}{\pi}\left(\sin\omega_1 t + \frac{1}{3}\sin 3\omega_1 t + \frac{1}{5}\sin 5\omega_1 t + \frac{1}{7}\sin 7\omega_1 t + \cdots + \frac{1}{k}\sin k\omega_1 t + \cdots\right)$$

$$(k = 1,3,5,7,\cdots)$$

实验中可以通过一个选频网络将图 1-19 所示的矩形波信号中所包含的某一频率成分提取出来。图 1-20 就是一个适用于不含直流分量波形的最简单的选频网络，是一个 *LC* 谐振回路，将被测的不含直流分量的非正弦周期信号加到分别调谐于其基波和各次谐波频率的一系列并联谐振回路串联而成的电路上。从每一谐振回路两端可以用示波器观察到相应频率的正弦波，

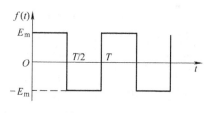

图 1-19　矩形波

若有一个谐振回路既不谐振于基波又不谐振于谐波，则观察不到波形。若实验所用的被测信号是频率为 f 的不含直流分量的非正弦周期信号，则由傅里叶级数展开式可知，$L_1 C_1$ 应谐振于 f；$L_2 C_2$ 应谐振于 $2f$；$L_3 C_3$ 应谐振于 $3f$；$L_4 C_4$ 应谐振于 $4f$；$L_5 C_5$ 应谐振于 $5f$……，这样就能从各谐振回路两端观察到基波和各次谐波。不难看出，上述电路也能观察各次谐波叠加后的波形，如在 ac 两点间就能观测到基波和 2 次谐波叠加后的波形；在 ad 两点间就能观测到基波、2 次谐波和 3 次谐波叠加后的波形；bd 两端就能观测到 2 次谐波和 3 次谐波叠加后的波形，如此等等，不一一详述。

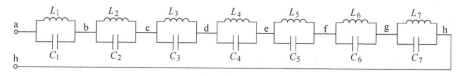

图 1-20　矩形波信号的分解与合成参考图

除采用图 1-20 来完成矩形波、三角波等不含直流分量的信号的分解与合成实验外，也可采用把周期性非正弦信号（不论它是否含直流分量）经过可分解出直流分量的低通滤波器 LPF 以及选通频率不同的带通滤波器 BPF 得到该信号的直流分量和各次谐波，再把所得的各次谐波送加法器观测相加后的波形的方式来完成非正弦周期信号的分解与合成实验。整

体的实验原理参考框图如图 1-21 所示，图中 LPF 为低通滤波器，用来分解出非正弦周期函数的直流分量，BPF1 ~ BPF7 为调谐在基波和各次谐波上的带通滤波器，加法器用于信号的合成。原理参考框图中的低通滤波器及带通滤波器的参考图分别如图 1-22a、b 所示（图中元器件的数值可根据选通的频率参照有源滤波器设计的相关内容加以确定，在此不详述其原理）。

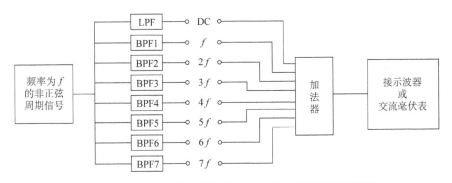

图 1-21　非正弦周期信号的分解与合成实验原理参考框图

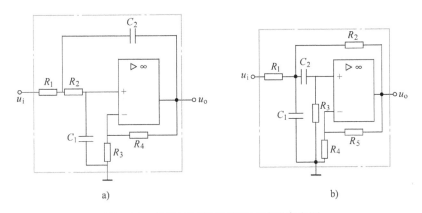

图 1-22　低通滤波器及带通滤波器参考图

4. 实验内容与步骤

采用图 1-20 进行实验时实验步骤为

（1）调节函数信号发生器，使其输出波形为矩形波，频率大致达到实验电路所设计的基波频率，信号峰峰值为 4 ~ 6V，把信号接入线路，因元器件量值的准确度所限，还需细调信号源的输出频率，使 L_1C_1 的基波谐振幅值为最大，把此频率定为实验的频率。

（2）用示波器观察 ah 两点的波形，测出其频率、幅度，把波形及波形参数填于表 1-23中。然后依次观察各谐振回路两端的波形，测出其幅度和频率，并记录；再观察并记录 ac、ad、ae、af 之间的波形，并将 ac、ad 的波形与理论的结果做比较。

表 1-23　非正弦周期信号的分解与合成记录表

测试点	ah	ab	bc	cd	de	ef	fg	gh	ac	ad
波形图										

（续）

波形参数	$V_p =$ ___ $T =$ ___	$V_p =$ ___ $T =$ ___	$V_p =$ ___ $T =$ ___	$V_p =$ ___ $T =$ ___	$V_p =$ ___ $T =$ ___	$V_p =$ ___ $T =$ ___	$V_p =$ ___ $T =$ ___	$V_p =$ ___ $T =$ ___		
说 明	输入波形	基波	2 次谐波	3 次谐波	4 次谐波	5 次谐波	6 次谐波	7 次谐波	1 + 2 次谐波	1 + 2 + 3 次谐波

（3）选择函数信号发生器的输出波形为三角波，再重复上述实验步骤，并做好记录。

（4）采用图 1-21 进行实验时，实验步骤为

① 调节函数信号发生器，使其输出频率为 f、峰峰值为 2V 的矩形波（f 为该实验模块 BPF1 所规定的频率）。将其接至电路输入端，再细调函数信号发生器的输出频率，使实验模块中心频率为 f 的带通滤波器 BPF1 有最大的输出（即有最大的基波输出）。

② 将各带通滤波器的输出分别接至示波器，观测各次谐波的频率和幅度，把波形及波形参数填于表 1-24 中。

表 1-24　方波信号的分解与合成记录表

所测波形的名称	波 形 图	波 形 参 数
基波		幅值 $V_p =$ _____；周期 $T =$ _____
3 次谐波		幅值 $V_p =$ _____；周期 $T =$ _____
5 次谐波		幅值 $V_p =$ _____；周期 $T =$ _____
7 次谐波		幅值 $V_p =$ _____；周期 $T =$ _____
基波 + 3 次谐波		
基波 + 3 + 5 次谐波		
基波 + 3 + 5 + 7 次谐波		

③ 将方波分解所得的基波和 3 次谐波分量接至加法器的相应输入端，观测加法器的输出波形，并记录所得的波形。

④ 再分别将 5 次、7 次谐波分量加到加法器的相应输入端，观测相加后的波形，并记录之。

⑤ 分别将频率为 f 的正弦半波、全波、矩形波和三角波的信号接至该电信号分解与合成模块输入端，观测基波及各次谐波的频率和幅度，记录之，记录表请自行设计。

⑥ 将频率为 f 的正弦半波、全波、矩形波、三角波的基波和谐波分量接至加法器的相应的输入端，观测加法器的输出波形，并记录之。

（5）用 EWB 或 Multisim 或 Matlab 或 pspice 等进行仿真实验

1）用计算机仿真分析软件中的傅里叶分析（Fourier）分析观察非正弦周期信号的频谱特性。

① 选择仿真分析软件中的信号发生器产生的矩形波和三角波作为非正弦周期信号，利用分析（Analysis）菜单下的傅里叶分析（Fourier）观察它们的频谱特性。

② 将周期矩形波的占空比改变，观察发生的情况。

2）采用多组不同频率、不同幅值的正弦波进行叠加，观察所得到的非正弦周期信号。

① 分别从电源库中取出多个不同频率的正弦交流电源，选择某个频率作为基波，并使其余的信号源频率与基波频率成整数倍关系，同时根据需要设置好这些信号的幅值。

② 将这些电源方向一致（全取正）串联在一起，观察叠加后的波形。

③ 将这些电源方向取或正或负，再串联在一起，观察叠加后的波形。

④ 改变参数，重新进行上述分析。

5. 预习要求

1）认真阅读教材中的非正弦周期信号的傅里叶级数分解的内容，明确如何分解、如何将各谐波叠加及叠加后的结果。

2）了解 LC 并联谐振的特征。

3）了解有源低通及带通滤波器的设计分析方法。

4）阅读本书第 5 部分"电子电路仿真软件的基本应用"中有关内容，学会初步应用虚拟电子平台进行电路仿真。

6. 实验注意事项

1）实验中输入到实验模块的信号幅值不可过大，以免损坏模块，可预先大致调好再接入，然后再精确调到规定值。

2）输入信号的频率一定要调节得和实验所用模块中 BPF1 的实际中心频率（或者和图 1-20 中的 L_1C_1 回路的实际谐振频率）相一致（此时有最大的基波输出），否则将会出现实际所测和理论所得间有很大误差，导致实验失败。

3）在记录基波和各次谐波及基波和各次谐波的合成波形时，要注意各波形和输入波形间的相位关系（需用示波器双踪观察）。

7. 实验报告要求

1）根据实验测量所得数据，绘制各输入波形及其基波和各次谐波的波形，并标出其频率、幅度。作图时应将这些波形绘制在同一坐标平面上，以便比较各波形的频率、幅度和相位。

2）将根据理论所得的基波、2 次和 3 次谐波及其合成波形一同绘制在同一坐标平面上，并且把在实验中实际观测到的基波、2 次和 3 次谐波的合成波形也绘制在同一坐标纸上。

3）将根据理论所得的基波、2 次、3 次、4 次和 5 次谐波及其合成波形一同绘制在同一坐标平面上，并且把在实验中实际观测到的 5 者的合成波形也绘制在同一坐标纸上。

4）回答思考题。

5）总结实验心得体会。

8. 思考题

1）如何将矩形波、三角波、正弦半波整流、全波整流波形展开为傅里叶级数？

2）采用图 1-20 所示电路进行方波信号的分解与合成实验时，若图中 L 的直流电阻较大，C 的损失系数较大，将会对实验结果产生什么影响？

3）什么样的周期性函数没有直流分量和余弦项？

4）分析理论合成的波形与实验观测到的合成波形之间误差产生的原因。

1.12 互感电路的研究

1. 实验目的

1）观察交流电路中的互感现象。

2）学习测量互感电路的同名端、互感系数和耦合系数。

2. 实验器材与设备

铁心互感线圈、直流稳压电源、电流表、万用表等。

3. 实验原理

判断互感线圈同名端的方法如下：

1）直流法。如图 1-23 所示，当开关 S 闭合瞬间，若毫安表的指针正偏，则可断定："1" "3" 为同名端；指针反偏，则 "1" "4" 为同名端。

2）交流法。如图 1-24 所示，将两个线圈 W_1（匝数为 N_1）和 W_2（匝数为 N_2）的任意两端（如 2、4 端）连在一起，在其中的一个线圈（如 W_1）两端加一个低压交流电压，另一线圈开路，用交流电压表分别测出 U_{13}、U_{12} 和 U_{34}。若 U_{13} 是两个绕组端压之差，则 1、3 是同名端；若 U_{13} 是两个绕组端压之和，则 1、4 是同名端。

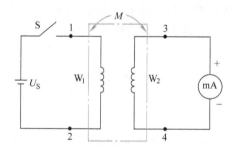

图 1-23　直流法判断同名端

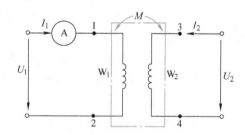

图 1-24　交流法判断同名端

4. 实验内容与步骤

1）两线圈互感系数 M 的测定。如图 1-24 所示，在 W_1 侧加低压交流电压 U_1，W_2 侧开路，测出 I_1 及 U_{20}，根据互感电动势 $E_{2M} \approx U_{20} = \omega M I_1$，可算得互感系数为 $M = U_2/(\omega I_1)$。

2）耦合系数 K 的测定。两个互感线圈耦合的松紧程度可用耦合系数 K 来表示，$K = M/\sqrt{L_1 L_2}$。如图 1-24 所示，先在 W_1 侧加低压交流电压 U_1，测出 W_2 侧开路时的电流 I_1，然后再在 W_2 侧加电压 U_2，测出 W_1 侧开路时的电流 I_2，求出各自的自感 L_1 和 L_2，即可算得 K 值。

5. 预习要求

1）预习线圈绕组同名端的含义及判别方法。

2）设计出实验测试的接线图。

6. 实验注意事项

对电路施加的电压大小，要根据提供的电感线圈的额定电流来确定，防止烧坏线圈。

7. 实验报告要求

1) 总结对互感线圈同名端、互感系数的实验测试方法。

2) 解释实验中观察到的互感现象。

8. 思考题

用直流法判定同名端时,开关 S 打开与闭合瞬间,电表指针偏转的方向是否一致?

1.13 一阶电路的过渡过程

1. 实验目的

1) 研究一阶 RC 电路的零状态响应和零输入响应。

2) 学会从响应曲线中求出 RC 电路的时间常数 τ。

3) 了解电路参数对充放电过程的影响。

2. 实验器材与设备

双踪示波器、信号发生器、电阻、电容、万用表、直流稳压电源等。

3. 实验原理

动态网络的过渡过程是十分短暂的单次变化过程。要用普通示波器观察过渡过程和测量有关的参数,就必须使这种单次变化的过程重复出现。为此,我们利用信号发生器输出的方波来模拟阶跃激励信号,即利用方波输出的上升沿作为零状态响应的正阶跃激励信号;利用方波的下降沿作为零输入响应的负阶跃激励信号。只要选择方波的重复周期远大于电路的时间常数 τ,那么电路在这样的方波序列脉冲信号的激励下,它的响应就和直流电接通与断开的过渡过程是基本相同的。

4. 实验内容与步骤

1) 一阶 RC 电路零状态响应。一阶电路的动态元件初始储能为零时,由施加于电路的输入信号产生的响应,称为零状态响应。输入信号最简单的形式为阶跃电压或电流。如图 1-25a 所示电路,输入信号为恒定电压 U_S,当 $t = 0$ 时,闭合开关 S。

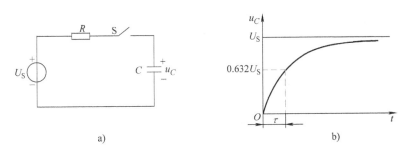

图 1-25 一阶 RC 零状态响应电路及响应曲线

电容器电压 u_C 是随时间按指数规律上升的,如图 1-25b 所示。上升的速度取决于电路中的时间常数 τ,当 $t = \tau$ 时,$u_C = 0.632U_S$;当 $t = 5\tau$ 时,$u_C = 0.993U_S$,一般认为已上升到 U_S 值。

2) 一阶 RC 电路零输入响应。一阶电路在没有输入信号激励时,由电路中动态元件的初始储能产生的响应,称为零输入响应。如图 1-26a、b 所示,电容器电压初始值为 U_0。

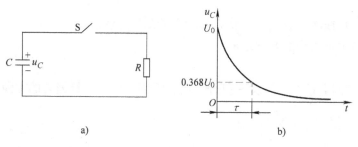

图 1-26　一阶 RC 零输入响应电路及响应曲线

电容器电压 u_C 是随时间按指数规律衰减的。由计算可知，当 $t=\tau$ 时，$u_C=0.368U_0$；当 $t=5\tau$ 时，$u_C=0.007U_0$，一般认为电容器电压 u_C 已衰减为零。由此可见，RC 串联电路的零输入响应由电容器电压初始值 U_0 和电路时间常数 τ 来确定。

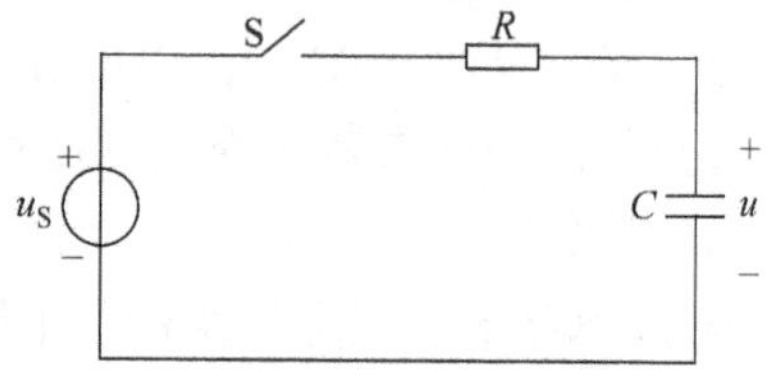

图 1-27　RC 充放电电路

3）组成 RC 充放电电路。如图 1-27 所示，其中 $R=10\text{k}\Omega$，$C=1000\text{pF}$，u_S 为信号发生器的输出，取 $U_S=3\text{V}$，$f=1\text{kHz}$ 的方波电压信号，利用双踪示波器观察激励和响应的变化规律，求得时间常数 τ，并描绘波形。令 $R=10\text{k}\Omega$，$C=3300\text{pF}$，观察并描绘响应波形，继续增大 C 值，定性观察对响应的影响，记录观察到的现象。

4）微分电路。微分电路和积分电路是一阶 RC 电路中较典型的电路，它对电路元件参数和输入信号的周期有着特定的要求。一个简单的 RC 串联电路，在方波序列脉冲的重复激励下，当满足 $\tau=RC \ll T/2$ 时（T 为方波脉冲的重复周期），且由 R 端作为响应输出，就构成了一个微分电路。因为此时电路的输出信号电压与输入信号电压的微分成正比。

5）若将微分电路中的 R 与 C 位置对调一下，即由 C 端作为响应输出，且当电路参数的选择满足 $\tau=RC \gg T/2$ 时，即构成积分电路，此时电路的输出信号电压与输入信号电压的积分成正比。

6）组成微分电路。令 $C=3300\text{pF}$，$R=10\text{k}\Omega$，在 $f=1\text{kHz}$ 方波激励下，观察并描绘激励与响应 u_R 的波形。增减 R 之值，定性观察对响应的影响，并做记录。当 R 增至 ∞ 时，输入输出波形有何本质上的区别？

7）组成积分电路。令 $C=33\mu\text{F}$，$R=10\text{k}\Omega$，在同样的方波激励下，观察并描绘激励与响应 u_C 的波形。增减 R 之值，定性观察对响应的影响，并做记录。

8）用 EWB 或 Multisim 对电路进行仿真实验。

① 绘制电路图，取 $R=1\text{k}\Omega$、$C=1000\mu\text{F}$ 和 $R=2\text{k}\Omega$、$C=1000\mu\text{F}$，$R=1\text{k}\Omega$、$C=1000\mu\text{F}$ 和 $R=1\text{k}\Omega$、$C=2000\mu\text{F}$ 两组参数，取 $U_o=12\text{V}$。

② 应用虚拟示波器对 RC 放电进行测量分析。

③ 应用虚拟示波器对 RC 充电进行测量分析。

④ 比较不同时间常数下 u_C 的曲线和变化规律。

⑤ 打印仿真结果。

5. 预习要求

1）复习 RC 电路的暂态过程的有关知识。

2）绘出实验电路图和相关响应曲线。

3）认真阅读示波器的使用说明。

6. 实验注意事项

1）注意正确使用示波器。

2）为防止外界干扰，信号发生器和示波器要共地。

7. 实验报告要求

1）根据实验观测结果，绘出 RC 一阶电路充放电时的变化曲线，由曲线测得 τ 值，并与参数值的计算结果作比较。

2）根据实验观察结果，归纳、总结微分和积分电路的形成条件及波形变换的特征。

8. 思考题

1）什么样的电路称为一阶电路？一阶电路的零状态响应和零输入响应有何区别？

2）已知一阶电路 $R = 10\mathrm{k}\Omega$，$C = 3300\mathrm{pF}$，试计算时间常数 τ。

1.14 二端口网络参数的测定

1. 实验目的

1）学习测量无源线性二端口网络参数的方法。

2）研究二端口网络及其等效电路在有负载情况下的性能。

2. 实验器材与设备

1）主要设备：直流电源、实验板、电压表等。

2）实验设备中所提供的电阻元件清单：＿＿＿。

3. 实验原理

对于任何一个线性网络，我们所关心的往往只是输入端口和输出端口的电压和电流之间的相互关系，并通过实验测定方法求取一个极其简单的等值二端口电路来替代原网络，此即为"黑盒理论"的基本内容。

4. 实验内容与步骤

1）以下二端口网络参数的测量是建立在如图 1-28 所示的基础上。所用电源为直流电源。

2）设计无源线性二端口网络实验线路，要求：

① 至少含有 5 个（或以上）电阻元件，确定其阻值。

② 至少含有两个（或以上）网孔。

③ 网络内不含电阻以外的任何其他元件。

图 1-28　二端口网络参数测试框图

④ 绘制电路图。并标出两个端口的电压、电流方向。

3）按所设计的电路接线，进行 Z 参数的测量和计算。

① 将输出开路（$I_2 = 0$），在输入端加一直流电源，测量输入端口的电压 U_1 和电流 I_1，

输出端口的电压 U_2，则 $Z_{11} = U_1/I_1$，$Z_{21} = U_2/I_1$。

② 输入开路（$I_1 = 0$），在输出端加一直流电源，测量输出端口的电压 U_2 和电流 I_2，输入端口的电压 U_1，则 $Z_{22} = U_2/I_2$，$Z_{12} = U_1/I_2$。将以上测量数据填入表 1-25 中。

表 1-25　二端口网络的 Z 参数的测量

	输出开路（$I_2 = 0$）			输入开路（$I_1 = 0$）		
	U_1/V	U_2/V	I_1/mA	I_2/mA	U_2/V	U_1/V
计算值						
测量值						
$Z_{11} = U_1/I_1 = $　　　　Ω, $Z_{21} = U_2/I_1 = $　　　　Ω				$Z_{22} = U_2/I_2 = $　　　　Ω, $Z_{12} = U_1/I_2 = $　　　　Ω		

4）H 参数的测量

① 将输出短路（$U_2 = 0$），在输入端加一直流电源，测量输入端口的电压 U_1 和电流 I_1，输出端口的电流 I_2，则 $H_{11} = U_1/I_1$，$H_{21} = I_2/I_1$。

② 输入开路（$I_1 = 0$），在输出端加一直流电源，测量输出端口的电压 U_2 和电流 I_2，输入端口的电压 U_1，则 $H_{22} = I_2/U_2$，$H_{12} = U_1/U_2$。将以上测量数据填入表 1-26 中。

表 1-26　二端口网络的 H 参数的测量

	输出短路（$U_2 = 0$）			输入开路（$I_1 = 0$）		
	U_1/V	I_1/mA	I_2/mA	U_2/V	I_2/mA	U_1/V
计算值						
测量值						
$H_{11} = U_1/I_1 = $　　　　Ω, $H_{21} = I_2/I_1 = $				则 $H_{22} = I_2/U_2 = $　　　　S, $H_{12} = U_1/U_2 = $		

5）带负载时输入阻抗的测量

在输出端接一负载 R_L，在输入端加上直流电源，测量此时的 U_1、I_1，则 $Z_i = U_1/I_1$。

5. 预习要求

1）预习网络参数计算及测量的有关知识和方法。

2）设计并列出实验计算表格，填写计算数据。

① 列出 Z 参数特征方程，并计算 Z 参数。

② 列出 H 参数特征方程，并计算 H 参数。

③ 在两端口网络输出端接一负载 Z_L（自定），计算网络的输入阻抗 Z_i。

④ 根据参数转换关系验证 Z、H 参数和 Z_i，并判断网络是否互易或对称。

⑤ 列出实验测试表格，备用，并提前进行计算，将计算值填入表格中。

6. 思考题

1）如何判断所设计的二端口网络是否互易或对称？

2）网络参数（Z、H）是否与外加电压、电流有关？为什么？

3）将所设计的网络等效成一个 T 形网络（或 ∏ 形网络），并验证各网络参数。

1.15　回转器的实验研究

1. 实验目的

1) 测量回转器的基本参数，掌握回转器的基本特性。

2) 了解回转器的应用。

2. 实验器材与设备

示波器、函数发生器、毫伏表、直流电源、0.1μF 电容器、回转器电路板等。

3. 实验原理

由于回转器有阻抗逆变作用，在集成电路中得到重要的应用。因为在集成电路制造中，制造一个电容元件比制造电感元件容易得多，我们可以用一带有电容负载的回转器来获得数值较大的电感。

4. 实验内容与步骤

实验电路如图 1-29 所示。

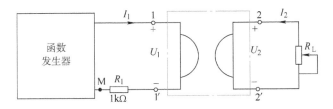

图 1-29　回转器接电阻性负载

1) 回转器接电阻性负载。

① 在图 1-29 的 2－2′端接纯电阻负载（电阻箱），函数发生器输出信号频率固定在 1kHz，信号源电压≤3V。

用交流毫伏表测量不同负载电阻 R_L 时的 U_1、U_2 和 U_{R1}，并计算相应的电流 I_1、I_2 和回转常数 g，一并记入表 1-27 中。

表 1-27　回转器接电阻性负载

R_L	测 量 值			计 算 值				
	U_1/V	U_2/V	U_{R1}/V	I_1/mA	I_2/mA	$g' = \dfrac{I_1}{U_2}$	$g'' = \dfrac{I_2}{U_1}$	$g = \dfrac{g' + g''}{2}$
510Ω								
1kΩ								
1.5kΩ								
2kΩ								
3kΩ								
3.9kΩ								
5.1kΩ								

② 用双踪示波器观察回转器输入电压和输入电流之间的相位关系。信号源的高端接 1

端，低（"地"）端接 M，示波器的"地"端接 M，Y_A、Y_B 分别接 1、1'端。

2）回转器接电容负载。

在图 1-29 的 2-2'端改接成电容负载 $C=0.1\mu F$，取信号电压 $U\leq 3V$，频率 $f=1kHz$。用示波器观察 i_1 与 u_1 之间的相位关系，是否具有感抗特征。

5. 预习要求

1）复习有关回转器的知识。

2）熟悉回转器电路组成并了解实验设备及仪表。

3）写出实验预习报告。

6. 思考题

1）实验过程中，示波器及交流毫伏表电源线为什么应该使用两线插头？

2）为什么回转器又称为阻抗逆变器？

3）如果输入信号幅度过大会出现什么情况？

4）设有一回转器，回转电导 $g=0.001S$，试求在回转器 2-2'端接上一个 $0.1\mu F$ 的电容，在 1-1'端所得到的等效电感值。

1.16 三相异步电动机的使用

1. 实验目的

1）了解三相异步电动机结构及铭牌数据的意义。

2）学习判别电动机定子绕组始、末端的方法。

3）学习异步电动机的接线方法、直接起动及反转的操作。

2. 实验器材与设备

三相异步电动机、兆欧表、钳形电流表、转速表、数字万用表。

3. 实验原理

三相异步电动机出线盒通常有6个引出端，如图 1-30a 所示，标有 U_1、V_1、W_1 和 U_2、V_2、W_2，若 U_1、V_1、W_1 为三相绕组的始端，则 U_2、V_2、W_2 则是相应的末端。根据电动机的额定电压应与电网电压相一致的原则，若电动机铭牌上标明"电压 220V/380V，接法 △/丫"，而电网电压为三相 380V，则电动机三相定子绕组应接成星形（丫），如图 1-30b 所示；若供电电压为三相 220V，则电动机三相定子绕组应接成三角形（△），如图 1-30c 所示。

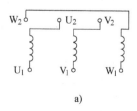 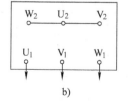 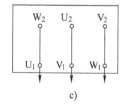

图 1-30 定子绕组接线图

4. 实验内容与步骤

1）实验测定定子绕组始末端的方法。

首先用万用表欧姆档区分出每相绕组的两个出线端,然后用下述方法确定每相绕组的始末端。

①方法一:先任意假定一相绕组的始末端,并标上 U_1、U_2,然后按图1-31所示方法依次确定第二、第三相绕组的始末端。

如第二相绕组按图1-31a所示与第一相绕组相连,当在 U_1、V_1 间加220V交流电压时,由于两相绕组产生的合磁通不穿过第三相绕组的线圈平面,因此磁通变化不会在第三相绕组中产生感应电动势。这时用交流电压表测量第三相绕组两端电压时,读数应为零或极小。

当连成图1-31b所示情况时,由于合成磁通穿过了第三相绕组的线圈平面,故磁通变化时会在第三相绕组中产生感应电动势。这时第三相绕组两端电压为一较大数值($>10V$)。

因此可以根据对三相绕组交流电压测量结果来判定与 U_2 相连的是 V_2 还是 V_1 ,由此确定出第二相绕组的始端 V_1 和末端 V_2 ,按同样方法再判断出第三相绕组的始末端,并做出标记。

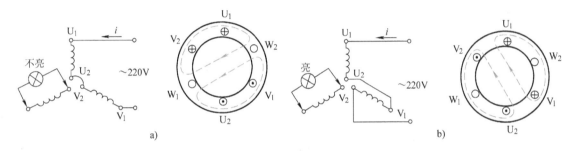

图1-31　定子绕组始末端的测试接线图

②方法二:把假设的3个始端连在一起,另外3个末端也连在一起,接于直流毫安表(万用表毫安档),如图1-32a所示。用手转动电动机的转子,如果表针不动或微动,则说明所设正确。如果表针有比较大摆动,则说明有一相绕组假设的始末端反了,如图1-32b所示。调整后再试,直到表针不动为止。这是应用了转子铁心剩磁在定子三绕组中产生感应电动势的原理进行判别的。

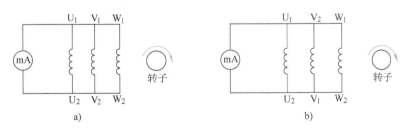

图1-32　定子绕组始末端判别方法

2)使用兆欧表测量各绕组之间的绝缘电阻和每相绕组与机壳之间的绝缘电阻应不小于1MΩ。

3)电动机的直接起动

①把三相异步电动机定子绕组接成三角形(△),3条引出线接到线电压为220V的三相电源上,闭合开关,观察电动机的起动,并用钳形电流表测量起动电流,将测试数据填入

表1-28中。

② 三相定子绕组改接成星形（Y），接到线电压为380V 的三相电源上，重新起动电动机，测量并记录起动电流。

4）电动机的正反转。将电动机与三相电源连接的任意两条线对调接好，通电，观察电动机的转向。

表 1-28　三相异步电动机起动电流测量

	起 动 条 件	起 动 电 流
1	$U_1 = 220V$，△联结，直接起动	
2	$U_1 = 380V$，Y 联结，直接起动	

5）用转速表测量转速并记录。

5. 预习要求

1）查阅本教材附录及相关资料，了解 Y 系列三相异步电动机的参数及特点。

2）拟定各项内容的测试方法、步骤及注意事项。

3）重点熟悉绝缘电阻表、钳形电流表和转速表的使用方法。

6. 实验注意事项

1）使用三相异步电动机，不仅要注意电动机的额定电压与电源电压相符合，还要注意电动机定子绕组应采用的连接形式。

2）测定电动机起动电流时，所选钳形电流表量程应稍大于电动机额定电流的 7 倍，切不可按额定电流值选用。

3）使用绝缘电阻表时应注意的事项。

① 在用绝缘电阻表测量电动机的绝缘电阻时，必须切断电源，并切断该电动机与其他电气设备及仪表在电路上的联系。

② 由于绝缘电阻表内手摇发电机的电压较高，使用时必须将电动机的待测部分与绝缘电阻表的接线柱用导线稳妥地连接在一起。

③ 测量时应边摇手柄（按规定转速）边读数，不能停摇后再读数。

④ 测量过程中切勿用手抚摸电动机和绝缘电阻表的测量导线，也不能让两根测量导线短路。

4）测量转速可以使用非接触式和接触式两种转速表。

① 非接触式激光转速表测量物体转速的方法是：先在测量物上贴上反射贴纸，再按下测量键，使可见光束与待测物成一水平直线，此时监视灯亮。然后等屏幕示值稳定时，释放测量键（此时无显示），测量所得的最大值、最小值以及最后一个显示值会被激光转速表自动记忆。

以下是非接触式激光转速表测量注意事项。

反射贴纸：剪成 10mm 左右方形后在每个旋转轴上贴一块（非反射面积必须比反射面积要大）；如果转轴有明显反光，要先用黑漆或黑胶布覆盖转轴，然后在黑漆或黑胶布上面贴上反射贴纸（请注意转轴表面必须干净与平滑）。

低转速测量：为提高测量精度，在测量很低的转速时，在被测物体上间隔均匀的多贴上几块反射贴纸,用显示器上的读数除以反射贴纸的数目,所得值即为实际的转速值。

② 使用接触式转速表的方法是:转速表的橡皮头应正对电动机轴的中心孔,使转速计轴与电动机轴在同一直线上(倾角<5°);转速计橡皮头应轻轻压在电动机轴上,不打滑即可;要选择合适量程,测量过程中不能改变量程。(由于实验时电动机一般是在空载下,故所测转速很接近同步转速。)

7. 思考题

1) 电动机的额定功率是指输出机械功率还是输入功率?额定电压是指线电压还是相电压?额定电流是指定子绕组的线电流还是相电流?

2) 能否用万用表的欧姆档测量电动机的绝缘电阻?为什么?

3) 如果将电动机三相定子绕组的始末端互换,再接在电源上能否正常工作?

4) 当电动机与电源相连的任意两条引出线对调后,为什么会使电动机反转?

1.17　继电接触器控制电路

1. 实验目的

1) 熟悉交流接触器、按钮等低压电器的结构、性能、规格和型号。

2) 设计三相异步电动机直接起动、停止的控制电路原理图。

3) 设计三相异步电动机点动、连续运转和正反转控制以及顺序控制的电路原理图。

4) 学习简单控制环节的设计方法和提高综合运用能力。

5) 学习并掌握控制电路的接线方法,提高工程素质和能力。

2. 实验器材与设备

实验电路板、万用表、交流接触器、按钮、熔断器、热继电器、三相异步电动机等。

3. 实验原理

1) 点动和自锁控制

① 交流电动机继电—接触控制电路的主要设备是交流接触器。

② 在控制回路中常采用接触器的辅助触点来实现自锁和互锁控制。

③ 控制按钮通常用在短时通、断小电流的控制回路,以实现近、远距离控制电动机等执行部件的起、停或正反转控制。

④ 采用熔断器作短路保护,当电动机或电器发生短路时,及时熔断熔体,达到保护线路、保护电源的目的。熔体熔断时间与流过的电流关系称为熔断器的保护特性,这是选择熔体的主要依据。

⑤ 采用热继电器实现过载保护,使电动机免受长期过载的危害。热继电器的整定电流值是最主要的技术指标,整定电流值一般为电动机额定电流的1~1.15倍。可根据电动机负载大小而定,可以通过热继电器上带刻度的转盘设定。电流超过整定电流值时,其动断触点能在一定时间后自动断开,切断控制电路(超过的电流越大动作越快)。

2) 正反转控制

在笼型三相异步电动机正反转控制电路中,通过相序的更换来改变电动机的旋转方向。

4. 实验内容与要求

1) 设计三相异步电动机直接起动、停止的继电接触器控制电路。

① 认识低压电器的结构和作用。

② 绘制电路原理图，要求有：短路保护、过载保护和零电压保护。

③ 按照所设计的电路接线，经检查无误后通电进行运转实验。

2）设计三相异步电动机既能点动，又能连续运转的控制电路。

① 绘制电路原理图。

② 在1）的基础上改换电路接线，经检查无误后通电进行运转实验。

3）设计控制三相异步电动机正反转的控制电路。

① 绘制电路原理图。

② 按照所设计的电路接线，经检查无误后通电进行运转实验。

4）设计两台三相异步电动机顺序起动的控制电路。要求第1台电动机 M_1 起动后第2台电动机 M_2 才能起动。两台电动机均能独立停止。

① 绘制电路原理图。

② 按照所设计的电路接线，经检查无误后通电进行运转实验。

5. 预习要求

1）预习有关低压电器和继电接触器控制的有关知识。

2）按照实验要求提前绘出实验电路图。

6. 实验注意事项

认真检查接线，注意安全。

7. 实验报告要求

1）按国标画出实验电路图，并简述工作原理。

2）若控制的三相异步电动机功率为 2.2kW、Y联结，选择适用的熔断器、交流接触器和热继电器，确定其型号。

8. 思考题

1）该控制电路采用 380V 或 220V 供电是否都可以？为什么？

2）如何选用交流接触器？

3）自锁触点在控制电路中的作用是什么？

4）多工位控制时，常闭触点如果并联，而常开触点串联是否可以起到同样作用？为什么？

5）正反转控制电路中，互锁触点的作用是什么？如果不接入互锁触点会发生什么情况？

6）正反转控制电路中，停止按钮有无必要设置两个？

7）在接线中有什么体会？

8）如何检查控制电路？

1.18 三相异步电动机变频调速应用研究

1. 实验目的

1）认识变频调速器，了解变频调速方法。

2）了解变频调速器接线和使用方法。

2. 实验器材与设备

变频调速器、三相异步电动机、交流接触器、按钮以及演示设备等。

3. 实验原理

1）三菱、台达等厂家的变频器使用方法大同小异。以台达 VFD—M 变频器为例，配线图如图1-33所示。若仅用数位控制面板操作时，只有主回路端子配线即可。

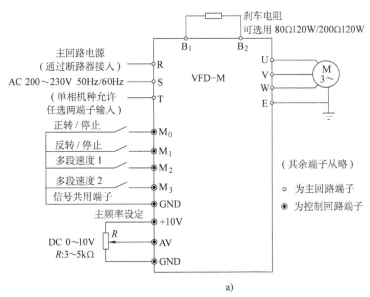

a)

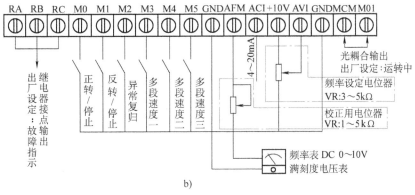

b)

图 1-33　台达 VFD—M 变频器配线图

2）数位操作器按键说明。数位操作器位于变频器中央位置，可分为 3 部分：显示区、按键控制区及频率设定旋钮。显示区显示输出频率、电流、各参数设定值及异常内容。LED 指示区显示变频器运行的状态，如图1-34所示。

3）6 个操作键如图 1-35 所示。

图 1-34　LED 指示说明

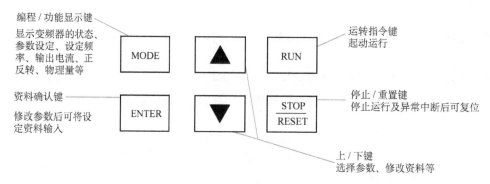

图 1-35　操作键盘

4）功能与参数说明详见实验室提供的变频器使用手册。

5）电源引入可以是三相，也可以是单相220V（但要进行设定），本实验选用后者，由S、T端子输入。

6）三相输出为220V线电压。而三相异步电动机额定电压为380V，$\curlyvee$联结，因此需要将其改为△联结，才能正常工作，否则输出转矩将为正常值的1/3。

4. 实验内容与步骤

（1）变频调速实验

1）接线。在继电接触器控制电路实验的基础上，将主电路的接触器主触点出线端与变频器的R、S、T相连，而把变频器的U、V、W与三相异步电动机相连。把变频器 M_0 与GND端子连接在一起（正转）。

2）变频器设定。这里只设定几个主要参数：

① P00 频率指令来源设定：00——主频率输入由数字操作器控制；01——主频率输入由模拟信号 DC 0～+10V 控制（AV1）。这里先选择00，由变频器上的旋钮控制频率，然后再选择01，由外接电位器控制。

② P01 运转指令来源设定：选择00，键盘STOP有效。

③ P03 最高操作频率选择：设定为50Hz。

④ P04 最大电压频率选择：设定10～50Hz。

⑤ P05 最高输出电压选择：设定为220V。

3）调速运转实验：

① 接通电源，按下起动按钮，交流接触器吸合，主触点闭合。调节变频器控制面板上的频率设定旋钮，电动机开始起动，对应频率的上升，电动机转速升高。连续调节电位器，则转速连续上升。

② 将 P00 频率指令来源设定选择01，由外接电位器控制，调节外接电位器，频率发生变化，同时电动机转速随之变化，此时变频器上的 STOP 键不起作用。

（2）变频调速演示实验

1）由指导教师介绍演示实验装置的各个部分。

2）当场进行参数设定。

3）调节频率设定旋钮，电动机随频率发生转速改变。同时观察数字转速表现实的转速与变频器面板上的频率显示的关系。

4）闭合"正转"开关，电动机正转；闭合"反转"开关，电动机反转。

5）设定外部端子控制（P00 频率指令来源设定为 01- 主频率输入由模拟信号直流电压 0～+10V 控制）调节外接电位器，观测变频器输出频率和电动机转速变化。

6）接入刹车电阻，与未接入时停车情况进行比较。

5. 预习要求

认真阅读变频器使用说明书。

6. 实验注意事项

认真按照要求接线，仔细检查，注意安全。

7. 实验报告要求

1）按国标画出实验电路图，并简述工作原理。

2）总结变频调速器的使用方法，特别是参数的设定方法。

8. 思考题

1）在变频器设定时，若使用国产 Y 系列三相异步电动机，P03 最高操作频率选择为什么设定为 50Hz 而不能设置在 60Hz？

2）当 P04 最大电压频率选择设定为 10～50Hz 对应 $p=2$ 的三相异步电动机的转速调节范围是多少？

1.19 可编程控制器系统的认识和基本指令设计与编程

1. 实验目的

1）了解可编程控制器系统的组成，熟悉 FX 系列 PLC 的结构和外部接线方法。

2）了解和熟悉 FX—20P—E 手持编程器的使用方法，掌握用它写入程序、编辑程序以及对 PLC 的运行进行监控的方法。

3）了解和熟悉 SWOPC-FXGP/WIN-C 编程软件或 GX Developer 编程软件的使用方法，掌握用它写入程序、编辑程序以及对 PLC 的运行进行监控的方法。

4）熟悉 FX 系列 PLC 的编程元件，掌握 FX 系列 PLC 的基本指令的功能及用法。

2. 实验器材与设备

本实验所用器材与设备见表 1-29。

表 1-29 可编程控制器实验器材与设备

名　称	型号及规格	数　量	备　注
PLC 控制器	FX$_{2N}$—48MR	1	也可用其他 FX 系列 PLC
手持式编程器	FX—20P—E	1	最好配装有 SWOPC-FXGP/WIN-C 编程软件或 GX Developer 编程软件的计算机
编程通信电缆	FX—20P—CABO	1	
模拟实验板	自制	1	

3. 实验原理

模拟实验板由 PLC 控制器、开关、接触器和接线端子组成，可编程控制器的输入端接模拟开关，用来模拟现场开关信号，模拟开关可采用按钮、钮子开关、行程开关、接近开关和传感器等多种；可编程控制器的输出端可接接触器，而接触器可驱动电动机、电热器等负载，当然实验中输出端也可不接负载而仅用基本单元的输出指示灯来模拟。模拟实验板与可编程控制器的接线如图 1-36 所示。传感器、接近开关常称为有源开关，（见图 1-36 中 SP）一般它们有 3 根引线，其中两根接电源正负端，还有 1 根作开关输出端，并与 PLC 输入端相连。

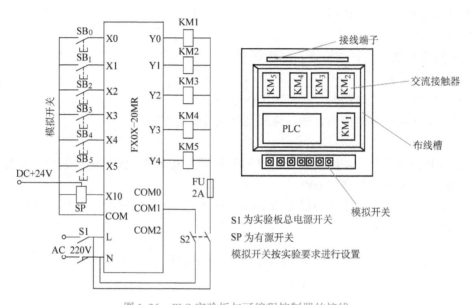

图 1-36　PLC 实验板与可编程控制器的接线

4. 实验内容与要求

（1）简易编程器的使用　编程器是 PLC 最重要的外围设备，它一方面能对 PLC 进行编程，即编制用户程序，并将其程序存入 PLC 的存储器中；另一方面又能对 PLC 的工作状态进行监控，利用编程器可检查、修改、调试程序，还可在线监视 PLC 的工作状况。FX 系列 PLC 的手持式编程器有 FX—10P—E 和 FX—20P—E 两种，主要由液晶显示屏、ROM 写入器接口、存储器卡盒接口，以及包括功能键、指令键、元件符号键、数字键等的键盘组成。编程器与主机之间采用专用电缆连接，主机的型号不同，电缆的型号也不同。FX—20P—E 的操作面板如图 1-37 所示，其与可编程

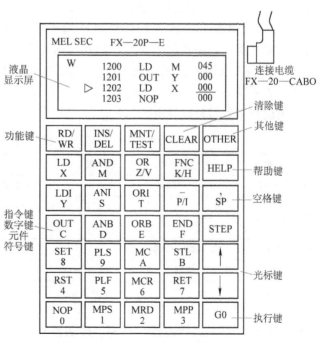

图 1-37　FX—20P—E 的操作面板

控制器的连接如图 1-38 所示。

1）程序的写入、检查和修改。在断电的情况下，将各模拟开关接到 PLC 的输入端，用编程电缆将编程器接到可编程控制器上，并将可编程控制器上的工作方式开关拨到 STOP 位置，接通可编程控制器的电源。

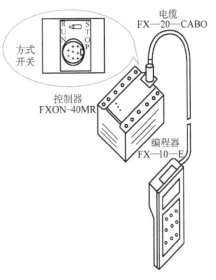

图 1-38　编程器与可编程控制器的连接

在编程器的 LCD 画面中选择联机编程方式（ON LINE）后按 < GO > 键，然后按 < RD/WR > 键，使编程器处于 W（写入）工作方式，在写入方式先清除原有程序（成批写入 NOP）：可按 < NOP > → < A > → < GO > → < GO > 键，接着再写入图 1-39a 对应的指令表程序，写入后从第 0 步开始逐条检查程序，如果发现错误，显示出错误的指令后再写入正确的指令。

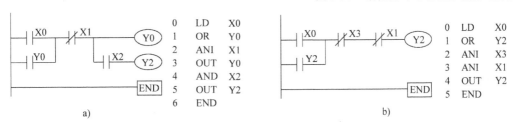

图 1-39　梯形图

2）模拟运行程序。写入的程序经检查无误后，断开 PLC 的全部输入开关，将 PLC 的工作方式开关拨到 RUN 位置上，用户程序开始运行，"RUN" LED 亮，按照表 1-30 操作 X0 ~ X2 对应的开关，通过 PLC 上的 LED 观察 Y0 和 Y2 的状态，把结果填入表中。表中脉冲波形表示开关接通后马上断开（模拟按钮的操作），0、1 分别表示开关断开和接通。

3）指令的读出、删除、插入和修改。把 PLC 的工作方式开关拨到 STOP 位置。将图 1-39a 对应的指令表程序改为图 1-39b 对应的指令表程序，按下列步骤进行操作：①删除指令 AND X2 和 OUT Y2；②在 ANI X1 之前插入 ANI X3；③将 OR Y0 改为 OR Y2，将 OUT Y0 改为 OUT Y2。完成以上操作后，检查修改后的程序是否与图 1-39b 一致，如果发现错误则改正之。运行修改后的程序，按照表 1-31 操作 X0、X1、X3 对应的开关，把有关结果记录在表中。

表 1-30　图 1-39a 的输入输出信号状态表

X0	X1	X2	Y0	Y2
⊓	0	0		
0	0	1		
0	0	0		
0	⊓	0		

表 1-31　图 1-39b 的输入输出信号状态表

X0	X1	X3	Y2
⊓	0	0	
0	⊓	0	
⊓	0	0	
0	0	⊓	

4）清除已写入的程序，然后写入图 1-40 对应的指令表程序，检查无误后运行该程序，并用编程器完成以下监视工作：①改变 X0 和 X1 的状态，监视 M1 和 M2 的状态；②用 X1 控制 T1 的线圈，监视 T1 当前值和触点的变化情况；③在以下情况下监视 C1 的当前值、触点和复位电路的变化情况：首先接通 X2 对应的开关，并用 X3 对应的开关给 C1 提供计数脉冲；然后断开 X2 对应的开关，用 X3 对应的开关发出 6 个计数脉冲；最后重新接通 X2 对应的开关，记录上述各步中观察到的情况。

（2）编程软件的使用

1）在断电的情况下，将各模拟开关接到 PLC 的输入端，用编程电缆连接 PLC 和计算机的串行通信接口，PLC 的工作方式开关拨到 STOP 位置，接通 PLC 和计算机的电源。

2）打开编程软件，执行菜单命令"文件"→"新文件"，在弹出的对话框中设置 PLC 的型号。在"视图"菜单中可以选择梯形图或指令表编程语言。

3）执行菜单命令"PLC"→"端口设置"，选择计算机的通信端口与通信的速率。

4）输入图 1-41 所示的梯形图，保存编辑好的程序。执行菜单命令"工具"→"转换"，将创建的梯形图转换格式后存入计算机中。

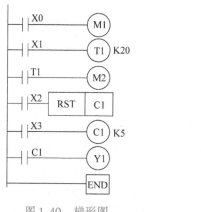

图 1-40 梯形图

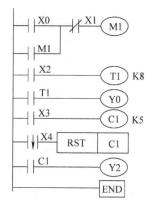

图 1-41 梯形图

5）程序的检查：执行菜单命令"选项"→"程序检查"，选择检查的项目，对程序进行检查。检查是否有双线圈时，一般只选择"输出"（OUT）指令。

6）程序的下载：打开要下载的程序，将 PLC 置于 STOP 工作方式，用菜单命令"PLC"→"传送"→"写出"将计算机中的程序发送到 PLC 中。在弹出的窗口中选择"范围设置"，并输入起始步和终止步，可以减少写出的时间。

7）程序的读入：在编程软件中生成一个新的文件，在 STOP 方式用菜单命令"PLC"→"传送"→"读入"，将 PLC 中的程序传送到计算机中，原有的程序被读入的程序代替。

8）程序的运行与元件监控：PLC 的方式开关在 RUN 位置时，执行"PLC"→"遥控运行/停止"可以切换 PLC 的 RUN 与 STOP 方式。

在运行方式，根据梯形图用接在输入端的开关为图 1-41 中的输入继电器提供输入信号，观察 Y0 和 Y2 的状态变化，并记录。

执行菜单命令"监控/测试"→"元件监控"，监视 M1 的 ON/OFF 状态及 T1、C1 的当前值变化的情况。

9）强制 ON/OFF：执行菜单命令"监控/测试"→"强制 ON/OFF"，在弹出的对话框中输入元件号，选"设置"（置位）将该元件置为 ON，选"重新设置"（复位）将该元件置为 OFF。

分别在 STOP 和 RUN 状态下，对 Y0、M1、T1 和 C1 进行强制 ON/OFF 操作。

10）修改 T/C 的设定值：在梯形图方式和监控状态，将光标放在要修改的 T/C 的输出线圈上，执行菜单命令"监控/测试"→"修改设定值"，将 C1 的设定值修改为 K3，在梯形图中观察 C1 设定值的变化。

（3）基本指令的编程及程序运行　根据下列程序进行模拟操作，记录有关数据。

1）编辑并运行图 1-42a 所示的梯形图程序，完成下列记录：

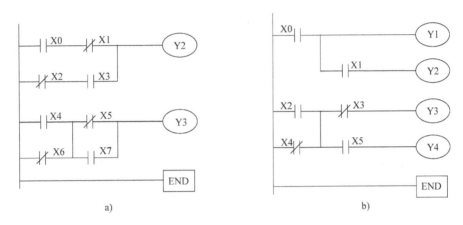

a)   b)

图 1-42　梯形图

① X0 = OFF；X1 = OFF；X2 = OFF；X3 = OFF；Y2 = _____。

② X0 = ON；X1 = OFF；X2 = OFF；X3 = OFF；Y2 = _____。

③ X0 = OFF；X1 = ON；X2 = OFF；X3 = ON；Y2 = _____。

④ X0 = ON；X1 = ON；X2 = ON；X3 = ON；Y2 = _____。

⑤ X4 = OFF；X5 = OFF；X6 = OFF；X7 = OFF；Y3 = _____。

⑥ X4 = ON；X5 = ON；X6 = OFF；X7 = OFF；Y3 = _____。

⑦ X4 = OFF；X5 = OFF；X6 = ON；X7 = ON；Y3 = _____。

⑧ X4 = ON；X5 = ON；X6 = ON；X7 = ON；Y3 = _____。

2）编辑并运行图 1-42b 所示的梯形图程序，完成下列记录：

① X0 = ON；X1 = OFF；Y1 = _____；Y2 = _____。

② X0 = ON；X1 = ON；Y1 = _____；Y2 = _____。

③ X0 = OFF；X1 = ON；Y1 = _____；Y2 = _____。

④ X0 = OFF；X1 = OFF；Y1 = _____；Y2 = _____。

⑤ X2 = ON；X3 = ON；X4 = OFF；X5 = OFF；Y3 = _____；Y4 = _____。

⑥ X2 = OFF；X3 = OFF；X4 = ON；X5 = ON；Y3 = _____；Y4 = _____。

⑦ X2 = ON；X3 = OFF；X4 = ON；X5 = OFF；Y3 = _____；Y4 = _____。

⑧ X2 = OFF; X3 = ON; X4 = OFF; X5 = ON; Y3 = _____ ; Y4 = _____。

3) 编辑并运行图 1-43 所示的定时器和计数器的应用梯形图程序，完成各图的时序波形图，记于表 1-32 中。

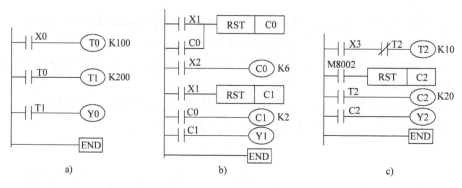

图 1-43　定时器和计数器的应用梯形图

5. 预习要求

1) 阅读 FX-20P-E 编程器的使用方法，弄清指令键的含义和功能，了解编辑功能键的含义。

表 1-32　图 1-43 的时序图

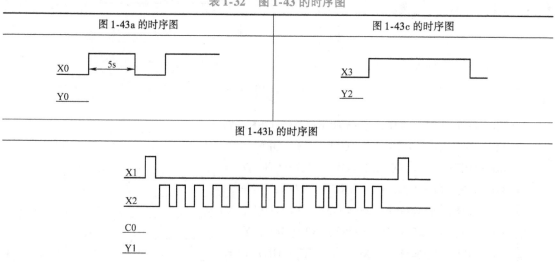

2) 初步了解 SWOPC-FXGP/WIN-C（或 GX Developer）编程软件使用方法。

3) 复习教材中有关部分的内容，同时仔细阅读本实验所写的内容，理解本实验所用的梯形图的工作原理，写出各梯形图所对应的指令表程序。

4) 了解 PLC 实验板的结构。

6. 实验报告要求

1) 写出本实验所用的各梯形图所对应的指令表程序。

2) 整理出模拟运行各程序及监视操作时观察到的各种现象和数据。

7. 思考题

1）FX 的基本指令有哪些？如何应用？

2）FX 系列各编号的定时器的最小时间间隔是多少？如何进行定时器的串级使用？

3）定时器和计数器如何串级使用？

1.20 PLC 控制系统演示与设计

1. 实验目的

1）根据实际控制要求，掌握 PLC 的编程基本步骤；进一步熟悉 FX 系列 PLC 的指令。

2）学会设计简单的梯形图程序。

3）进一步掌握编程器和编程软件的使用方法和程序调试方法。

4）了解用 PLC 解决实际问题一般过程。

2. 实验器材与设备

本实验所用器材与设备同表 1-29。

3. 实验内容与步骤

（1）PLC 控制系统演示 十字路口交通灯控制。

1）交通灯设置示意图如图 1-44 所示。

2）系统控制要求。

① 系统启动后，以南北方向红灯亮、东西方向绿灯亮为初始状态。

② 两个方向的绿灯不能同时亮，否则关闭信号灯并报警。

③ 某一方向的红灯亮保持 30s，而另一方向的绿灯亮只需维持 25s。之后绿灯便闪亮 3 次，随后转为黄灯亮，并保持 2s，此后，两个方向的红绿灯信号互换，开始下一个控制过程，系统能自动循环进行。其控制时序如图 1-45 所示。

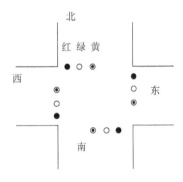

图 1-44 交通灯设置示意图

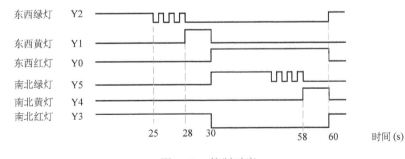

图 1-45 控制时序

3）I/O 分配见表 1-33。

表 1-33 I/O 分配

地　址		信　号	地　址		信　号
输入	X1	东西方向急通	输出	Y2	东西绿灯
	X2	南北方向急通		Y3	南北红灯
输出	Y0	东西红灯		Y4	南北黄灯
	Y1	东西黄灯		Y5	南北绿灯

4) 参考程序。梯形图如图 1-46 所示。

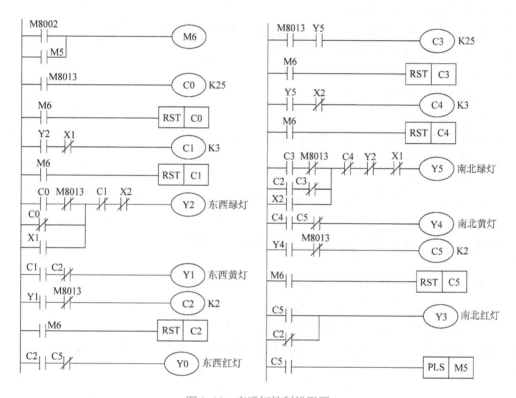

图 1-46　交通灯控制梯形图

程序中 M8002 为初始化脉冲继电器，M8013 为 1s 时钟计数脉冲继电器，指令 PLS M5 作为自动循环控制，输入继电器 X1 和 X2 分别作为东西方向和南北方向急通控制。

5) 根据梯形图编写出指令表程序，输入程序，模拟操作并观测输出指示情况。

(2) 设计简单的梯形图程序

1) 延时断开电路示例。图 1-47a 中的 Y0 在输入信号 X1 的上升沿变为 ON，X1 变为 OFF 后 6s，Y0 才变为 OFF。输入此梯形图并运行程序，改变 X1 的状态，观察运行结果，分析电路的工作原理。

2) 信号灯闪烁电路示例。图 1-47b 中 Y2 对应的 LED 在 X2 变为 ON 后开始闪烁，Y2 的线圈 "通电" 和 "断电" 的时间分别等于 T1 和 T0 的设定值。特殊辅助继电器 M8013

(1s 时钟脉冲) 的触点提供频率为 1Hz 的脉冲 (ON 0.5s,OFF 0.5s),用它的触点可以很方便地组成信号灯闪烁电路。输入此梯形图并运行程序,改变 X2 和 X3 的状态,观察运行结果并记录。

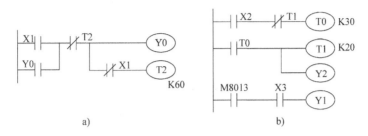

图 1-47 延时断开电路和信号灯闪烁电路梯形图

3) 简单抢答显示程序设计。参加智力竞赛的 A、B、C 3 人的桌上各有一个抢答按钮,分别为 SB_1、SB_2、SB_3,用三个灯 $HL_1 \sim HL_3$ 显示他们的抢答信号。当主持人接通抢答允许开关 SW 后抢答开始,最先按下按钮的抢答者对应的灯亮,与此同时,应禁止另外两个抢答者的灯亮,指示灯在主持人断开开关 SW 后熄灭。

各外部输入、输出元件对应的 PLC 输入、输出端子号见表 1-34,请设计此抢答显示梯形图,输入程序并进行调试。调试时应逐项检查设计要求是否全部满足。

表 1-34 简单抢答显示程序 I/O 分配表

输 入 装 置	元 件 号	输 出 装 置	元 件 号
按钮 SB_1	X0	灯 HL_1	Y0
按钮 SB_2	X1	灯 HL_2	Y1
按钮 SB_3	X2	灯 HL_3	Y2
开关 SW	X3		

4) 带防相间短路的三相异步电动机的正反转控制电路设计。主电路与常规的接触器控制电路相同,为了有效地消除电弧造成的相间短路事故,要求从正转到反转或从反转到正转都需经过 0.5s 的延时。请列出 I/O 分配表和 I/O 的硬件接线图,设计梯形图,输入程序并进行调试和运行。

4. 预习要求

1) 熟悉 FX-20P-E 和编程软件 SWOPC-FXGP/WIN-C(或 GX Developer)的使用。

2) 复习教材中有关部分的内容,同时仔细阅读本实验所写的内容,理解本实验所用的梯形图的工作原理,写出各梯形图所对应的指令表程序。

3) 了解和熟悉应用可编程序控制器实现控制的步骤。

4) 了解 PLC 实验板的结构。

5. 实验报告要求

1) 写出本实验所用的各梯形图所对应的指令表程序。

2) 整理出模拟运行各程序时观察到的各种现象和数据。

3）设计出简单抢答显示程序和带防相间短路的三相异步电动机的正反转控制电路的梯形图及其对应的指令表程序。

6. 思考题

1）可编程序控制器的编程步骤有哪些？

2）不用编程器或编程软件，要随时修改带防相间短路的三相异步电动机的正反转控制电路的延时时间，又要如何设计梯形图？

模拟电子技术实验

2.1 电子仪器使用及晶体管测试

1. 实验目的

1）学习使用示波器、信号发生器、毫伏表、万用表等常用实验仪器。掌握用示波器观察、测量交流信号的幅值、周期、频率等参数的方法。

2）熟悉二极管、晶体管的测量方法。

2. 知识要点

（1）各种实验仪器的功能及与实验电路之间的连接关系

1）直流稳压电源：提供直流电源（将交流电转换为直流电）。

2）信号发生器：又称函数发生器，它就是一个信号源（类比电压源或电流源），是输出各种电子信号的仪器，可以输出常用波形如正弦波、锯齿波、方波等，还有一类专用的脉冲信号发生器可以输出各种标准脉冲波形；智能化的频率合成器可以输出任意波形。

3）示波器：示波器分为模拟示波器和数字示波器。模拟示波器主要是由示波管（CTR）及其显示电路、垂直偏转系统（Y轴信号通道）、水平偏转系统（X轴信号通道）和标准信号发生器、稳压电源等几大部分组成。它可以直接测量信号电压，由电子枪发射的电子束直接射向荧光屏幕。被测信号电压作用在Y轴偏转板上，X轴偏转板上作用着锯齿波扫描电压。通过作用在这两个偏转板上的电压控制着从阴极发射过来的电子束在垂直方向和水平方向的偏转，使得荧光屏上显示出随时间变化的信号曲线。数字示波器通过模数转换器把被测信号转换为数字信号，它采集波形的一系列样值，对这些样值进行存储，直到描绘出波形为止。其中模拟示波器与数字示波器均有一些其他不同的详细分类，各类实验室配备的示波器不同，根据实际情况操作。

此外，双踪示波器可以同时显示两路信号的波形。根据显示的刻度可以测量信号的幅值和周期，还可以比较两路信号的相位。

4）毫伏表：一般万用表的交流电压档只能测量1V以上的交流电压，而且测量交流电压的频率一般不超过1kHz。而毫伏表测量的正弦交流电压范围可以扩展到毫伏级，测量的频率范围也大大扩展。而且可以比较精确地测量交流信号的电压有效值。

5）万用表：万用表又称为复用表、多用表、三用表、繁用表等，是电工和电子等部门不可缺少的测量仪表，一般以测量电压、电流和电阻为主要目的。万用表按显示方式分为指针万用表和数字万用表。万用表是一种多功能、多量程的测量仪表，一般万用表可测量直流电流、直流电压、交流电压、电阻和音频电平等，有的还可以测交流电流、电容量、电感量及半导体的一些参数（如 β）等。

各实验仪器与实验电路的连接如图 2-1 所示。

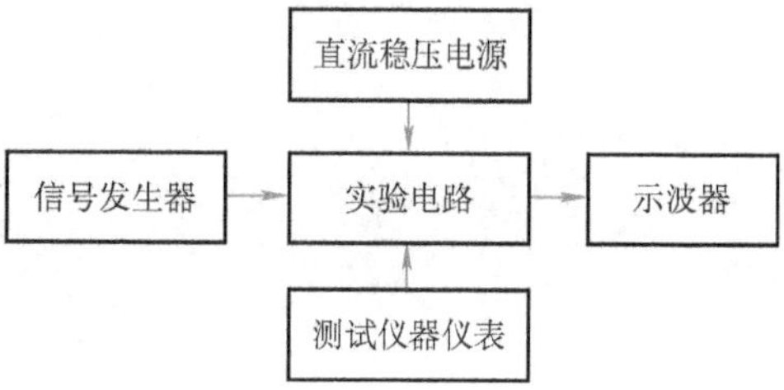

（2）测量交流信号波形的幅值、周期、频率

1）示波器的使用。

① 熟悉各旋钮的功能和作用。

② 交流信号波形的幅值测量：在图 2-2 中，如果 "VOLT/div（格）" 为 1V/div（格），峰-峰之间高度为 6div，计算方法为：$U_{P-P} = 1V/div \times 6div = 6V$，如果探头为 10:1，实际值为 $U_{P-P} = 60V$。此时 "VOLTS/div" 的 "微调" 旋钮应置于 "校准" 位置。

③ 交流信号波形的周期、频率测量：在图 2-3 中，在屏幕上一个周期为 4div。如果 "扫描时间" 为 1ms/div，周期 $T = 1ms/div \times 4div = 4ms$。由此可得频率 $f = 1/4ms = 250Hz$。此时扫描时间的 "微调" 旋钮应置于 "校准" 位置。

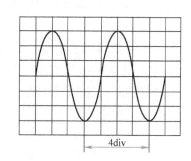

图 2-1 实验仪器与实验电路之间的连接关系

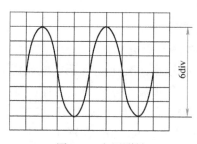

图 2-2 电压测量

图 2-3 周期和频率测量

2）信号发生器的使用。调节 "波形选择" 开关可选择输出信号波形（正弦波、方波、三角波）。调节 "频率范围" 开关，配合 "频率微调" 旋钮可调出信号发生器输出频率范围内任意一种频率，LED 显示窗口将显示出相应频率值。调节 "输出衰减" 开关和 "幅度调节" 旋钮可得到所需要的输出电压。

3）毫伏表的使用。表盘电压标度尺共有 0 ~ 10 和 0 ~ 3 两条，量程有 1mV、3mV、10mV、30mV、100mV、300mV 和 1V、3V、10V、30V、300V 共 11 档。测量电压时以 "1" 开头的量程读 0 ~ 10 的电压标度尺，以 "3" 开头的量程读 0 ~ 3 的电压标度尺，然后乘以相应的倍率。

3. 实验内容与要求

（1）信号的观察与测量 将信号发生器的输出与示波器、毫伏表相连接，如图 2-4 所示。

首先将双踪示波器电源接通 1 ~ 2min，将示

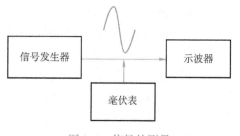

图 2-4 信号的测量

波器旋钮开关置于如下位置："通道选择"选择"CH1"，"触发源"选择"内触发"，"触发方式"选择"自动"，"DC，⊥，AC"开关于"AC"，"VOLT/div"开关在"0.2V/div"档，"微调"置于"校准"位置，"扫描时间"开关在"0.2ms/div"档，将"CH1通道的测试探头接校准信号输出端，此时示波器屏幕上应显示的幅度为1V、周期为1ms的方波。如无波形或波形位置不合适，调节"X轴位移""Y轴位移"使波形位于显示屏幕中央位置，调节"辉度""聚焦"使显示屏幕上的波形细而清晰，亮度适中。

然后，调节信号发生器使其输出信号分别为：$U_1 = 0.1\text{V}$、$f_1 = 500\text{Hz}$；$U_2 = 2\text{V}$、$f_2 = 1000\text{Hz}$；$U_3 = 10\text{mV}$、$f_3 = 1500\text{Hz}$ 的正弦波。用晶体管毫伏表测量信号发生器的输出电压、用示波器观察并测量各信号电压及频率值。测试数据填入表2-1中。

表2-1 仪器使用中的测量数据

晶体管毫伏表读出的电压	0.1V	2.0V	10mV
信号发生器产生的信号频率/Hz	500	1000	1500
示波器（VOLT/div）档位值×峰-峰波形格数			
峰-峰值电压 $U_{\text{p-p}}$/V			
计算有效值/V			
示波器（Time/div）档位值×周期格数			
信号周期 T			
$f = 1/T$			

（2）常用电子元器件的测量

1）二极管的测量

① 用万用表测量二极管的管脚，是根据二极管的单向导电特性。如采用指针式万用表（万用表的红、黑表笔实际上分别接在表内电源的负极和正极），可直接用"Ω"档，量程应置于×10或×1k档，用红、黑表笔分别接二极管的两个极，如图2-5所示，观察指针的偏转情况，然后交换红、黑表笔再测一次。若两次测量呈现的电阻有明显差异，说明二极管是好的。在测量中，呈现电阻较小时，黑表笔接触的管脚是二极管的阳极。

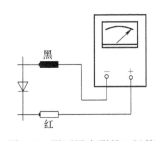

图2-5 用万用表测量二极管

② 如采用数字万用表，可直接用"二极管"档，测量二极管的正、反向电阻，注意红、黑表笔分别接在万用表内部电源的正极和负极（与指针式万用表相反），即呈现电阻较小时，红表笔所接管脚为阳极。

2）晶体管的简易测量。晶体管可以等效为两个串接的二极管，如图2-6a所示。先按测量二极管的方法确定基极，由此也可确定晶体管的类型（PNP、NPN）。指针式万用表判断晶体管的发射极和集电极是利用了晶体管的电流放大特性，测试原理如图2-6b所示，如被测晶体管是NPN型管，先设一个极为集电极，与万用表的黑表笔相连接，用红表笔接另一个电极，观察好指针的偏转大小。然后用人体电阻代替图2-6b中的R_B，用手指捏住C和B极，C和B不要碰在一起，再观察指针的偏转大小，若此时偏转角度比第一次大，说明假设正确。若区别不大，需再重新假设。PNP 型管的判别方法与 NPN 型管相同但极性相反。

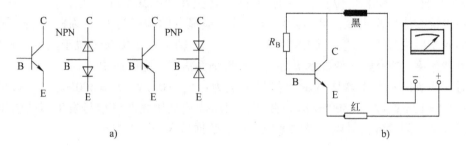

图 2-6　晶体管的简易测量

a）晶体管等效为两个二极管　b）晶体管的测量原理

4. 预习要求

1）阅读附录中有关部分，熟悉各种仪器的功能、使用方法和面板上各旋钮的作用。

2）预习二极管、晶体管的型号、结构和特点。

3）明确实验内容及要求，画好记录表格。

5. 实验器材与仪器

1）双踪示波器：可以同时测量和观察两路信号的波形，测量电路信号波形的幅值、周期等参数。

2）信号发生器：用于产生幅值和频率可调的交流信号（正弦波、方波、三角波）。

3）毫伏表：用于测量交流信号电压有效值。

4）万用表：用于测量交流和直流电压、电流、电阻等。某些万用表还可以测量晶体管、二极管、电容和频率等。

5）二极管、晶体管若干。

6. 实验报告要求

1）总结信号发生器、示波器、晶体管毫伏表等仪器设备的使用方法及各旋钮的功能。

2）总结电子元器件的测量方法。

7. 思考题

1）实验中测量较高频率的交流信号时用晶体管毫伏表，为什么不使用万用表？方波、三角波是否能用晶体管毫伏表测量？

2）示波器测量信号周期、幅度时，如何才能保证其测量精度？

3）示波器观察波形时，下列要求，应调节哪些旋钮？

移动波形位置；波形稳定；改变周期个数；改变显示幅度；测量直流电压。

2.2　晶体管共射放大电路

1. 实验目的

1）掌握晶体管放大电路的静态工作点、电压放大倍数、输入电阻和输出电阻以及频率特性的测量方法。

2）观察静态工作点的变化对电压放大倍数和输出波形的影响。

3）进一步掌握示波器、信号发生器、毫伏表及万用表的使用方法。

2. 知识要点

1）共射放大电路的种类和特点：基本共射电路和分压式共射电路各自的特点、计算静态工作点和交流参数的方法。

2）静态工作点的设置、测量和调整：为获得最大不失真输出电压，静态工作点 Q 应选在交流负载线中点。静态时，$U_{CEQ} \approx V_{CC}/2$。如何用万用表测量 Q 点，如 Q 点不合适应如何调整？

3）波形及失真情况的观察、交流参数（A_u、R_i、R_o）的测量。

4）输入电阻和输出电阻测量方法

$$R_i = \frac{u_i}{u_s - u_i} R_s, \quad R_o = \left(\frac{u'_o}{u_o} - 1 \right) R_L$$

式中，u_o 为带负载时的输出电压；u'_o 为空载时的输出电压。

5）频率特性的测量。

6）对以上参数理论值的计算，与测量值的比较及误差分析。

3. 实验电路

本实验电路给出的元器件参数参考值：
$R_B = 10k\Omega$（　　　），$R_P = 330k\Omega$（　　　），
$R_{B2} = 15k\Omega$（　　　），$R_C = R_L = 3k\Omega$（　　　），
$R_E = 1k\Omega$（　　　），$C_1 = C_2 = 10\mu F$（　　　），
$C_E = 47\mu F$（　　　），$\beta = 60 \sim 80$（　　　），
$V_{CC} = 12 \sim 15V$（　　　）。（括号内可填写实际参数值，以下同。）

实验参考电路为分压式共射电路如图 2-7 所示。按图及参考元件参数接好电路。可取如上参考值，检查无误后接通直流电源。

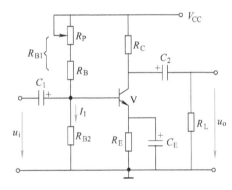

图 2-7　分压式共射放大电路

4. 实验内容与步骤

（1）测量静态工作点及交流参数

1）测量静态工作点。调节 RP，同时用万用表的直流电压档测量 U_{CEQ}、U_{BQ}、U_{CQ}，使 U_{CEQ} 等于或略大于 $V_{CC}/2$。计算 $I_{CQ} = (V_{CC} - U_{CQ})/R_C$，将测量和计算数据填入表2-2中。

2）测量电压放大倍数 A_u。调节信号发生器使输出电压为 $8 \sim 15mV$、频率为 1000Hz 左右的正弦交流信号，接入到放大电路的输入端作为放大电路的输入信号 u_i。

用示波器观察放大电路的输出（u_o）波形，当 u_o 为不失真的信号时，用毫伏表测量 u_i、u_o，计算电压放大倍数（$A_u = u_o/u_i$）并填入表 2-2 中。

3）测量输入和输出电阻。

① 测量输入电阻 R_i。在放大电路与输入信号之间串入一个固定电阻 R_S（$3k\Omega$），用毫伏表测量 u_S、u_i 的值并按下式计算 R_i 的值。

$$R_i = \frac{u_i}{u_S - u_i} R_S$$

② 测量输出电阻 R_o。测量空载时的输出电压 u_o 和带负载（$R_L = 3k\Omega$）时的输出电压 u'_o，按下式计算 R_o 的值。

$$R_o = \left(\frac{u'_o}{u_o} - 1\right)R_L$$

将测量结果记入表 2-2 中。

4）测量频率特性。调节信号发生器、改变输入信号的频率，同时用示波器观察输出信号的波形、用毫伏表测量输出信号的有效值。

逐渐减小输入信号的频率，直到 A_u 降为中频时的 0.7 左右，记录这时的频率 f_L，填入表 2-2 中。用示波器观察输入、输出信号的相位关系。

逐渐增加输入信号的频率，直到 A_u 降为中频时的 0.7 左右，记录这时的频率 f_H，填入表 2-2 中。用示波器观察输入、输出信号的相位关系。

绘制幅-频和相-频特性图（伯德图）。

表 2-2　工作点合适时的静态与动态数据

	U_{BQ}/V	U_{CEQ}/V	I_{CQ}/mA	A_u	R_i/Ω	R_o/Ω	f_L/kHz	f_H/kHz
理论值								
仿真值								
测量值								
误差								

（2）观察工作点变化对输出波形的影响

1）逐渐减小 R_P 的阻值，观察 u_o 的变化，当出现明显失真时，测量或计算静态工作点 U_{CQ}、U_{BQ}、I_{CQ}。画出输出波形，说明出现何种失真。

2）逐渐增大 R_P 的阻值，观察 u_o 的变化。当出现明显失真时，测量此时的静态工作点 U_{CQ}、U_{BQ}、I_{CQ}。画出输出波形，说明出现何种失真。

以上测量数据、波形填入表 2-3 中，并加以分析说明。

表 2-3　工作点变化的测量数据和输出波形

	U_{BQ}	U_{CEQ}	I_{CQ}	u_o 波形	说明
R_P 最大					
R_P 最小					

5. 预习要求

1）共射放大电路中有关静态和动态性能的基本内容。

2）计算有关数据（U_B、U_{CEQ}、I_{CQ}、A_u、R_i、R_o）的理论值，填入有关表中。

3）用电路分析软件（EWB 或 Multisim）仿真，将仿真值填入有关表中。

4）常用实验仪器的功能和使用方法。

5）对各思考题做初步回答。

6）根据以上要求写出预习报告。

6. 实验器材与仪器

实验电路板、示波器、信号发生器、毫伏表、万用表、直流稳压电源。

7. 实验报告要求

1）实验目的、实验电路及实验过程。

2）理论值计算与仿真值，实验数据及误差分析。

3）实验中出现的问题、解决方法、体会等。

4）回答思考题。

8. 思考题

1）电路中 C_1、C_2 的作用如何？

2）负载电阻的变化对静态工作点有无影响？对电压放大倍数有无影响？

3）饱和失真和截止失真是怎样产生的？如果输出波形既出现饱和失真又出现截止失真是否说明静态工作点设置不合理？

2.3 射极输出器的研究

1. 实验目的

1）熟悉射极输出器的组成和电路特点。

2）理解射极输出器在多级放大电路中的作用。

2. 知识要点

1）射极输出器的参数测量，特点（$A_u \approx 1$、R_i 较大、R_o 较小）。

2）射极输出器在多级放大电路中的作用。

3. 实验电路

图 2-8a 为共集放大电路（射极输出器），图 2-8b 为基本共射放大电路。也可选择分压式共射电路，如图 2-7 所示。图 2-8c 为负载。

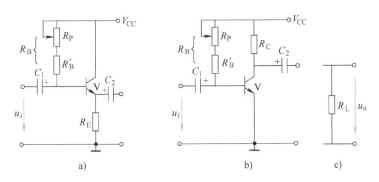

图 2-8 共集放大电路与基本共射放大电路

a）共集放大电路 b）基本共射放大电路 c）负载

本实验电路给出的元器件参数参考值：$V_{CC} = 12 \sim 15\text{V}$（　　），$R_B = 400 \sim 800\text{k}\Omega$（　　），$R_E = 1 \sim 2\text{k}\Omega$（　　），$R_C = R_L = 2 \sim 4\text{k}\Omega$（　　），$\beta = 60 \sim 80$（　　）。

4. 实验内容与步骤

（1）射极输出器参数测量

1）测量静态工作点。调整共集放大电路的 RP 使 Q 点合适（$U_{CEQ} \approx V_{CC}/2$）。

2）测量交流参数。加入信号 u_i，幅值范围 $0.1 \sim 1V$、频率 1000Hz，通过示波器观察，得到不失真的输出波形。用毫伏表测量 u_i、u_o，计算 A_u。

测量输入电阻 R_i 和输出电阻 R_o（方法见实验2.2）。以上数据填入表2-4中。

表 2-4　射极输出器实验数据

	u_i	u_o	A_u	R_i/Ω	R_o/Ω
理论值					
仿真值					
测量值					

（2）组成多级放大电路的参数测量

1）调整基本共射放大电路，使静态工作点合适。

2）按照"共集→共射→负载"的顺序连接为两级放大电路，加入信号 u_i（$10 \sim 15mV$、1000Hz），测量总的 A_u，填入表2-5中。

3）按"共射→共集→负载"的顺序连接为两级放大电路，输入信号不变，重新测量总的 A_u，填入表2-5。

表 2-5　多级放大电路实验数据

	共集→共射→负载					共射→共集→负载				
	u_i	u_o	A_u	R_i/Ω	R_o/Ω	u_i	u_o	A_u	R_i/Ω	R_o/Ω
理论值										
仿真值										
测量值										

5. 预习要求

1）共集电路、共射电路及多级放大电路的组成、特点。

2）计算有关数据的理论值（U_{CEQ}、A_u、R_i、R_o）。

3）用电路分析软件（EWB 或 Multisim）仿真并将结果填入有关表中。

4）对各思考题做初步回答。

5）根据以上要求写出预习报告。

6. 实验器材与仪器

实验电路、示波器、信号发生器、毫伏表、万用表、直流稳压电源。

7. 实验报告要求

1）实验目的、实验电路及实验过程。

2）理论值计算与仿真值、实验数据及误差分析。

3）实验中出现的问题，解决方法和体会等。

4）回答思考题。

8. 思考题

射极输出器对多级放大电路的 A_u、R_i、R_o 分别有何影响？

2.4　多级放大与负反馈的研究

1. 实验目的

1）熟悉多级放大电路的组成及参数测量。

2）理解负反馈在放大电路中的影响。

2. 知识要点

1）多级放大电路的组成、理论值计算、参数测量。

2）引入负反馈对多级放大电路性能的影响。

3. 实验电路

实验参考电路如图2-9所示。

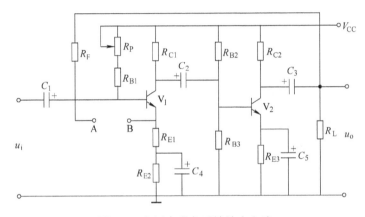

图2-9　电压串联负反馈放大电路

本实验电路给出的元器件参数参考值：$R_F = 10k\Omega$（　　　），$R_{B1} = 10k\Omega$（　　　），$R_P = 1M\Omega$（　　　），$R_{B2} = 10k\Omega$（　　　），$R_{B3} = 4.7k\Omega$（　　　），$R_{C1} = R_{C2} = 2k\Omega$（　　　），$R_{E1} = 100\Omega$（　　　），$R_{E2} = 2k\Omega$（　　　），$R_{E3} = 2k\Omega$（　　　），$R_L = 4.7k\Omega$（　　　），$C_1 = C_2 = C_4 = 10\mu F$（　　　），$C_3 = C_5 = 47\mu F$（　　　），$\beta_1 = \beta_2 = 60 \sim 80$（　　　），$V_{CC} = 12V$（　　　）。

4. 实验内容与步骤

（1）测量开环状态下基本放大电路的性能　按图2-9连接电路，检查无误后接通电源，调节并测量静态工作点使之合适。

1）A_u的测量。加入输入信号$u_i \leqslant 5mV$、$f = 1000Hz$，测量u_i、u_o，并计算A_u。

2）R_i和R_o的测量。方法与实验2.2中方法相同，取$R_S = R_L = 4.7k\Omega$。

3）频率特性的测量。在输入电压u_i不变的情况下，先后降低和增加输入信号的频率，使输出电压下降至原来输出电压的70.7%，此时输入信号的频率即为下限频率f_L和上限频率f_H，通频带宽度为$f_H - f_L$。

（2）测量闭环状态下负反馈放大电路的性能

1）A_{uf}的测量。将A与B连接，构成电压串联负反馈。加入u_i，测量u_o、计算A_{uf}。

2）R_{if}和R_{of}的测量。与开环状态下输入、输出电阻的测量方法相同。

3）f_{Lf}和f_{Hf}的测量。与开环状态下频率特性的测量方法相同。

以上理论计算和测量数据填入表2-6中。

表 2-6　负反馈放大电路实验数据

	电压放大倍数		输入电阻	输出电阻	上限频率	下限频率
开环	理论值 $A_u =$		$R_i =$	$R_o =$	$f_H =$	$f_L =$
	实际值 $A_u =$					
电压串联负反馈	理论值 $A_{uf} =$		$R_{if} =$	$R_{of} =$	$f_{Hf} =$	$f_{Lf} =$
	实际值 $A_{uf} =$					

5. 预习要求

1）负反馈放大电路的工作原理及负反馈对放大电路性能的影响。

2）对各思考题做初步回答。

3）用电路分析软件（EWB 或 Multisim）仿真。

4）对动态和静态有关参数进行理论计算。

5）写出预习报告或设计报告。

6. 实验器材与仪器

实验电路板、示波器、信号发生器、毫伏表、万用表、直流稳压电源。

7. 实验报告要求

1）实验目的、电路、过程。

2）总结电压串联负反馈对放大电路性能和指标的影响。

3）计算电压放大倍数 A_u、A_{uf}，并与实测值相比较，分析误差原因。

4）总结实验中用到的测量方法。

8. 思考题

1）根据实验测试结果，分析电压串联型负反馈有什么特点？哪些指标得到了改善？应在什么情况下采用？

2）负反馈放大电路的反馈深度是否越大越好？为什么？

2.5　场效应晶体管放大电路

1. 实验目的

1）熟悉场效应晶体管放大电路的组成和场效应晶体管放大电路参数测量的方法。

2）进一步熟悉场效应晶体管放大电路的特点。

2. 知识要点

场效应晶体管是一种电压控制器件，通过 G-S 间电压控制电流 I_D。具有输入电阻大的特点。结型（或绝缘栅型）场效应晶体管放大电路的理论值计算、参数测量及特点。

3. 实验电路

图 2-10 为场效应晶体管放大电路，其中图 2-10a 为自给偏压（N 沟道结型）放大电路、图 2-10b 为分压式偏置（N 沟道增强型 MOS 管）放大电路，可选其一。

本实验两个电路给出的元器件参数参考值：$V_{DD} = 12 \sim 15V$（　　），$R_g = 2 \sim 10M\Omega$（　　），$R_{g1} = 100k\Omega$（　　），$R_{g2} = 300k\Omega$（　　），$R_{g3} = 2M\Omega$（　　），$R_S = 1 \sim 2k\Omega$（　　），$R_L = 5 \sim 10k\Omega$（　　），$C_1 = C_2 = 10\mu F$（　　），$C_S = 47\mu F$（　　）。

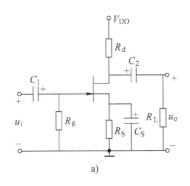 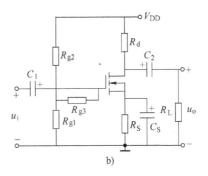

图 2-10　场效应晶体管放大电路

a）自给偏压（N 沟道结型）放大电路　b）分压式偏置（N 沟道增强型 MOS 管）放大电路

4. 实验内容与步骤

1）按要求选择并连接电路，调整电阻参数，使 Q 点合适（$U_{DSQ} \approx V_{DD}/2$）、测量 U_{GSQ}。

2）测量电压放大倍数 A_u。

3）测量输入电阻 R_i。

将以上实验数据及理论值填入表 2-7 中。

表 2-7　场效应晶体管放大电路实验数据

	U_{GSQ}/V	U_{DSQ}/V	A_u	$R_i/k\Omega$
理论值				
仿真值				
测量值				

5. 预习要求

1）熟悉所选实验电路的结构、参数计算方法。

2）计算理论值并填入表中。

3）用电路分析软件（EWB 或 Multisim）仿真，将仿真值填入有关表中。

6. 实验器材与仪器

实验电路、示波器、信号发生器、毫伏表、万用表、直流稳压电源。

7. 实验报告要求

1）实验目的、实验电路及实验过程。

2）理论值计算与仿真值，实验数据及误差分析。

3）实验中出现的问题、解决方法、体会等。

4）回答思考题。

8. 思考题

1）与双极型晶体管组成的放大电路相比，场效应晶体管放大电路有何特点？

2）两种场效应晶体管放大电路的区别是什么？

2.6 基本运算电路——比例和加减运算

1. 实验目的

1) 掌握用集成运算放大器组成比例、求和电路的方法。

2) 加深对线性状态下运算放大器工作特点的理解。

2. 知识要点

运算放大器线性组件是一个具有高输入阻抗、高增益的直流放大器，当它与外部电阻、电容等构成负反馈后，就可组成种类繁多的应用运算电路，包括比例运算、求和运算、加减混合运算等。

3. 实验电路

实验电路如图 2-11 所示。

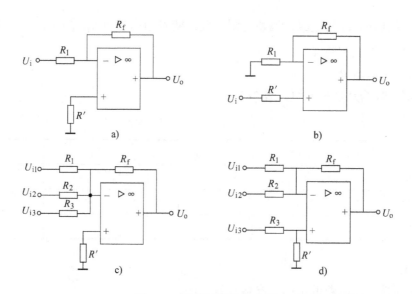

图 2-11　比例运算放大电路

a）反相比例运算　b）同相比例运算　c）反相求和运算　d）加减混合运算

4. 实验内容与步骤

选择集成运放芯片，确定各电阻并连接电路，电阻一般选择 $10 \sim 100\mathrm{k}\Omega$，同时注意电阻 R' 的选择应满足输入电阻平衡。调零后，加入直流信号 U_i，用万用表测量输出电压 U_o。将测量值与理论值比较，计算相对误差。

1) 反相比例运算。按图 2-11a 连接电路，输入 3 种不同幅值的 U_i，测量 U_o，将测量结果和计算值填入表 2-8 中。

2) 同相比例运算。按图 2-11b 连接电路，对电路进行调零。输入 3 种不同幅值的 U_i，测量 U_o，将测量结果和计算值填入表 2-8 中。

3) 反相求和运算。按图 2-11c 连接电路，对电路进行调零。按表 2-9 要求输入 3 组幅值不同的信号，分别测量输出值，并与理论值比较，计算误差，填入表 2-9 中。

表 2-8 比例运算计算与测试数据

	U_i/mV	U_o/mV			
		仿真值	测量值	理论值	误差（%）
反相比例运算	100				
	500				
	1000				
同相比例运算	100				
	500				
	1000				

4）加减混合运算。按图 2-11d 连接电路，对电路进行调零。按表 2-9 要求输入 3 组幅值不同的信号，分别测量输出值，并与理论值比较，计算误差，填入表 2-9 中。

表 2-9 加减运算计算与测试数据

		输入信号 U_i/mV			输出信号 U_o/mV		
		U_{i1}	U_{i2}	U_{i3}	测量值	理论值	误差（%）
反相求和运算	第一组	100	200	400			
	第二组	200	300	200			
	第三组	400	100	300			
加减混和运算	第一组	100	200	400			
	第二组	400	300	200			
	第三组	200	400	100			

5. 预习要求

1）相关电路的工作原理和分析方法。

2）计算实验电路的理论值。

3）所选集成运放的管脚排列与功能。

4）用电路分析软件（EWB 或 Multisim）仿真。

6. 实验器材与仪器

实验电路板、直流稳压电源、直流信号源、万用表。

7. 实验报告要求

1）绘制表格，整理测量数据填入表格。

2）计算理论值并与实测值比较，分析误差原因。

3）对各实验电路进行仿真。

8. 思考题

1）实验中为何要对电路预先调零？不调零对电路有什么影响？

2）在上述运算电路中为什么要求两输入端所接电阻满足平衡？

2.7 基本运算电路——积分和微分运算

1. 实验目的

1）学习用运算放大器组成积分、微分电路的方法，加深运算放大器用于波形变换作用的概念。

2）进一步熟悉幅值测量及分析误差的方法和能力。

2. 知识要点

在运算电路中，可以利用电容器实现积分或微分运算，通过运算也可以实现波形变换的作用。积分电路、微分电路的输出输入电压关系分别为

$$u_o = -\frac{1}{R_1 C}\int u_i \mathrm{d}t \qquad u_o = -R_f C_1 \frac{\mathrm{d}u_i}{\mathrm{d}t}$$

3. 实验电路

实验参考电路如图 2-12 所示。其中图 2-12a 为积分运算电路，积分电容 C 两端并接了反馈电阻 R_f，其目的是减小运算放大器输出端的直流漂移，但是 R_f 的存在将影响积分器的线性关系。图 2-12b 为微分运算电路，其中反馈电阻两端并接一个小电容 C_2，其作用是为了降低高频噪声对电路的影响。

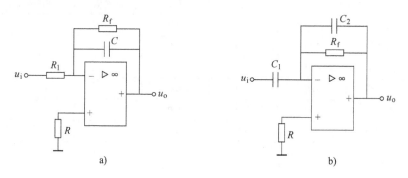

图 2-12 积分、微分电路

a）积分运算电路 b）微分运算电路

本实验给出的元器件参数参考值：$R_1 = R_2 = 10\mathrm{k}\Omega$（　　　），$R_f = 200\mathrm{k}\Omega$（　　　），$C = 0.1\mu\mathrm{F}$（　　　），$R = R_f = 10\mathrm{k}\Omega$（　　　），$C_1 = 0.1\mu\mathrm{F}$（　　　），$C_2 = 1000\mathrm{pF}$（　　　）。

4. 实验内容与步骤

（1）积分电路实验

1）按图 2-12a 连接电路，首先对电路进行调零：输入端接地，调整调零电位器，使输出电压 u_o 为零。

2）由信号发生器输入一个方波信号（$u_{iP-P} = 10\mathrm{V}$、$f = 250\mathrm{Hz}$）。用双踪示波器同时观察 u_i 和 u_o，记录波形。用示波器测量输出信号的峰-峰值 u_{oP-P} 和周期 T，并与理论值比较，计算相对误差。

3）将 R_f 断开，观察输出波形 u_o 有何变化并记录。

4）由信号发生器输入一个正弦波信号（有效值 $u_i = 1\mathrm{V}$、$f = 250\mathrm{Hz}$）。用双踪示波器同

时观察 u_i 和 u_o，绘制波形。

（2）微分电路实验

1）按图 2-12b 连接电路，然后对电路进行调零。

2）由信号发生器输入一个三角波信号（$u_{iP-P}=5V$、$f=250Hz$）。用双踪示波器同时观察 u_i 和 u_o，测量输出信号的峰-峰值 u_{oP-P} 和周期 T，绘制输入、输出波形。

3）由信号发生器输入一个方波信号（$u_{iP-P}=5V$、$f=250Hz$）。用双踪示波器同时观察 u_i 和 u_o，绘制波形。

4）由信号发生器输入一个正弦波信号（有效值 $u_i=1V$、$f=250Hz$）。用双踪示波器同时观察 u_i 和 u_o，绘制波形。改变输入信号的频率，注意相位关系的变化。

（3）积分—微分电路

1）将积分电路输出端与微分电路的输入端相接，积分电路输入端加方波信号（$u_{iP-P}=10V$、$f=200Hz$）。

2）用示波器观察 u_{o1} 和 u_{o2} 的波形，并且测量幅值，绘制输入输出波形。

5. 预习要求

1）积分与微分电路的工作原理。

2）计算有关理论值、绘制理想状态下的输出波形。

3）用电路分析软件（EWB 或 Multisim）仿真，绘制仿真波形。

6. 实验器材与仪器

实验电路板、示波器、信号发生器、毫伏表、直流稳压电源、万用表。

7. 实验报告要求

1）自拟实验报告表格，绘制所有输出、输入波形。

2）按要求计算理论值，与测量值比较后计算相对误差，分析误差原因。

8. 思考题

1）在积分电路中 R_f 起什么作用？R_f 太大或太小对电路有何影响？

2）在积分时间常数一定的情况下，积分电容 C 的大小对信号的影响如何？

2.8 测量放大器

1. 实验目的

1）熟悉测量放大器（又称为仪表放大器或精密放大器）的工作原理和特点。

2）进一步熟悉运算放大器的使用方法。

2. 知识要点

在测量系统中，被测物理量通过传感器产生电信号，由于电信号通常较微弱及测量精密度的要求，应采用精密放大电路，多用于仪表电路中。

考虑测量对象不同导致传感器的输出电阻（相当于信号源内阻 R_S）的不确定性，所以要求放大电路的输入电阻 $R_i \gg R_S$，可以保证放大器对不同幅值的输入信号的放大倍数基本稳定，所以输入电路采用串联反馈的形式。

由于被测信号可能包含较大的共模部分，有时甚至超过差模信号，所以必须对共模信号有较强的抑制作用，所以采用差动输入的形式。

3. 实验电路

实验电路如图 2-13 所示。

本实验电路给出的元器件参数参考值：$R_1 = 36\text{k}\Omega$ （　　），$R_2 = 24\text{k}\Omega$ （　　），$R = 10\text{k}\Omega$ （　　），$R_f = 51\text{k}\Omega$ （　　）。

该电路的电压关系如下：

因电路存在"虚短"和"虚断"，所以 $u_{i1} = u_A$、$u_{i2} = u_B$。

则

$$u_{i1} - u_{i2} = \frac{R_2}{2R_1 + R_2}(u_{o1} - u_{o2})$$

即

$$u_{o1} - u_{o2} = \left(1 + \frac{2R_1}{R_2}\right)(u_{i1} - u_{i2})$$

所以输出电压

$$u_o = -\frac{R_f}{R}(u_{o1} - u_{o2}) = -\frac{R_f}{R}\left(1 + \frac{2R_1}{R_2}\right)(u_{i1} - u_{i2})$$

如设 $u_{id} = u_{i1} - u_{i2}$

则

$$u_o = -\frac{R_f}{R}\left(1 + \frac{2R_1}{R_2}\right)u_{id} = -\frac{51}{10}\left(1 + \frac{2 \times 36}{24}\right)u_{id} = -20.4u_{id}$$

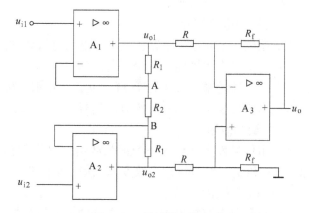

图 2-13　测量放大器电路

4. 实验内容与要求

1）测量共模电压放大倍数 A_{uc}。

加入 $u_{i1} = u_{i2} = 50\text{mV}$，测量 u_{o1}、u_{o2}、u_o，填入表 2-10 中。

表 2-10　共模电压放大倍数测试数据

u_{i1}、u_{i2}	u_{o1}		u_{o2}		u_o		A_{uc}
	理论值	测量值	理论值	测量值	理论值	测量值	（测量值）
50mV							

2）测量差模电压放大倍数 A_{ud}。

加入 $u_{i1} = -u_{i2} = 10\text{mV}$、$50\text{mV}$、$100\text{mV}$，测量 u_{o1}、u_{o2}、u_o，填入表 2-11 中。

表 2-11　差模电压放大倍数测试数据

u_{i1}、$-u_{i2}$	u_{o1}		u_{o2}		u_o		A_{ud}
	理论值	测量值	理论值	测量值	理论值	测量值	（测量值）
10mV							
500mV							
100mV							

3）当共模输入信号和差模输入信号为 50mV 时，计算共模抑制比 K_{CMR} =（　　）dB。

5. 预习要求

1）电路的工作原理，差模与共模放大的概念。

2）计算实验电路的理论值。

3）用电路分析软件（EWB 或 Multisim）仿真。

6. 实验器材与仪器

实验电路板、万用表、直流稳压电源。

7. 实验报告要求

1）简要说明电路的工作原理。

2）绘制表格，按要求填入理论值和测量值。

3）分析产生误差的原因。

8. 思考题

1）电路如何抑制共模信号？

2）A_1 和 A_2 的对称性对测量结果有何影响？

2.9 有源滤波电路

1. 实验目的

1）利用集成运算放大器、电阻和电容组成低通滤波、高通滤波、带通滤波和带阻滤波，通过测试进一步熟悉它们的幅频特性。

2）了解品质因数 Q 对滤波器的影响。

2. 知识要点

有源滤波的基本概念、原理。

各种类型的滤波器（低通、高通、带通、带阻）的结构，截止频率的计算。

一阶、二阶滤波器的区别、特点。

3. 实验电路

实验参考电路如图 2-14 所示。

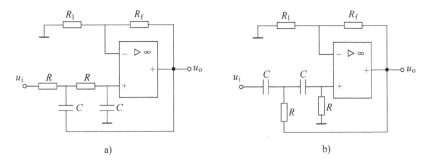

图 2-14 有源滤波电路

a）二阶压控电压源低通滤波器 b）二阶压控电压源高通滤波器

本实验电路给出的元器件参数参考值：$R = R_1 = R_f = 10\text{k}\Omega$ （   ），$C = 0.1\mu\text{F}$ （   ）。

4. 实验内容与步骤

（1）二阶压控电压源低通滤波器幅频特性

1）按图 2-14a 连接好电路，检查无误后接通电源，然后对电路进行调零。

2）在输入端加入正弦信号 u_i。信号的幅值应保证输出电压在整个频带内不失真。调节信号发生器，改变输入信号的频率。测量相应频率点的输出电压值 u_o，并计算各频率点 A_u，将测量和测算结果记入表 2-12 中。

表 2-12　低通滤波器幅频特性

f/Hz	
u_o/V	
$A_u = u_o/u_i$	

3）根据测量数据绘出幅频特性曲线。

（2）二阶压控电压源高通滤波器幅频特性

1）按图 2-14b 连接好电路，检查无误后接通电源，然后对电路进行调零。

2）测试步骤和内容要求与二阶低通滤波器完全相同。将测量和测算结果记入表 2-13 中，并根据测量数据绘出幅频特性曲线。

表 2-13　高通滤波器幅频特性

f/Hz	
u_o/V	
$A_u = u_o/u_i$	

5. 预习要求

1）低通滤波器和高通滤波器的工作原理。

2）根据低通滤波器、高通滤波器的传递函数表达式定性画出幅频特性曲线。

3）用电路分析软件（EWB 或 Multisim）仿真，绘制仿真波形。

6. 实验器材与仪器

实验电路板、示波器、信号发生器、毫伏表、万用表。

7. 实验报告要求

1）总结低通滤波器、高通滤波器的工作原理及性能特点。

2）整理实验数据，绘制幅频特性曲线，完成实验中的各项计算并分析计算值与实验值不一致的原因。

8. 思考题

1）比较一阶低通滤波电路与二阶低通滤波电路有何不同？

2）试说明品质因数的改变对滤波电路频率特性的影响。

2.10 *RC* 正弦波振荡电路

1. 实验目的

1）进一步学习 *RC* 正弦波振荡电路的工作原理。

2）掌握 *RC* 正弦波振荡频率的调整和测量方法。

2. 知识要点

1）振荡原理及振荡条件。

2）正弦波振荡电路的种类。

3）*RC* 正弦波振荡电路的组成、工作原理、参数计算。

3. 实验电路

（1）实验参考电路如图 2-15 所示

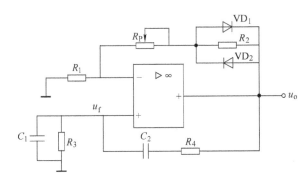

图 2-15 *RC* 正弦波振荡电路

本实验电路给出的元器件参数参考值：$R_1 = R_2 = 2\text{k}\Omega$（   ），$R_3 = R_4 = 15\text{k}\Omega$（   ），$R_P = 10\text{k}\Omega$（   ），$C_1 = C_2 = 0.1\mu\text{F}$（   ）。

（2）*RC* 正弦波振荡电路元件参数选取条件

1）振荡频率。在图 2-15 电路中，取 $R_3 = R_4 = R$，$C_1 = C_2 = C$，则电路的振荡频率为

$$f_0 = \frac{1}{2\pi RC}$$

2）起振幅值条件：

$$A_f = 1 + \frac{R_f}{R_1} \quad 应略大于 3（即 R_f 应略大于 2R_1）$$

式中，$R_f = R_P + R_2 /\!/ R_D$（R_D 为二极管导通电阻）。

3）稳幅电路。实际电路中，一般在负反馈支路中加入由两个相互反接的二极管和一个电阻构成的自动稳幅电路，其目的是利用二极管的动态电阻特性，抵消由于元件误差、温度引起的振荡幅度变化所造成的影响。

4. 实验内容与步骤

1）按图 2-15 连接电路，用示波器观察 u_o，调节负反馈电位器 RP（阻值为 R_P），使输出 u_o 产生稳定的不失真的正弦波。

2）通过频率计或示波器测量输出信号的频率 f_0，填入表 2-14 中。

另选一组 R、C，重复上述过程。

表 2-14 *RC* 正弦波振荡电路振荡频率的计算和测试

	R	C	f_0			误差（%）
			仿真值	测量值	理论值	
第一组数据	15kΩ	0.1μF				
第二组数据						

3）测量反馈系数 F。在振荡电路输出为稳定、不失真的正弦波的条件下，测量 u_o 和 u_f，计算反馈系数 $F = u_f/u_o$。

5. 预习要求

1）*RC* 振荡电路的工作原理和 f_0 的计算方法。

2）*RC* 振荡电路的起振条件，稳幅电路的工作原理。

3）用电路分析软件（EWB 或 Multisim）仿真，绘制仿真波形。

6. 实验器材与仪器

实验电路板、示波器、万用表、毫伏表、直流稳压电源等。

7. 实验报告要求

1）绘制表格，整理实验数据和理论值填入表中。

2）总结 *RC* 桥式振荡电路的工作原理及分析方法。

3）分析误差原因。

8. 思考题

1）负反馈支路中 VD_1、VD_2 为什么能起到稳幅作用？分析其工作原理。

2）为保证振荡电路正常工作，电路参数应满足哪些条件？

3）振荡频率的变化与电路中的哪些元件有关？

2.11 非正弦波发生电路

1. 实验目的

1）了解集成运放在非正弦波发生电路中的应用。

2）熟悉比较器的工作特点。

3）掌握方波、三角波和方波的频率、幅值和占空比的调节方法。

2. 知识要点

1）通过比较器和延迟环节产生方波；通过积分电路将方波转换为三角波。

2）方波、三角波发生电路的组成和工作原理。由一个比较器和一个积分器组成，当电路中影响充放电时间常数和影响输出幅值的电阻使用可变电阻器时，输出信号的频率、占空比、幅值都是可以调节的。

3）方波输出 u_{o1} 的幅值由稳压管 VS 稳压值决定。三角波的幅值 u_{o2} 可由下式决定：

$$u_{o2} = \frac{R_{P1}}{R_2}U_Z$$

式中，U_Z 为 VS 的稳压值。

4）方波、三角波的振荡频率为

$$f_0 = \frac{R_2}{4R_4 C R_{P1}}, \ R_4 = \frac{R_{P2}}{2} + R_{P3}$$

5）波形频率、占空比的调节方法。

3. 实验电路

实验参考电路如图 2-16 所示。

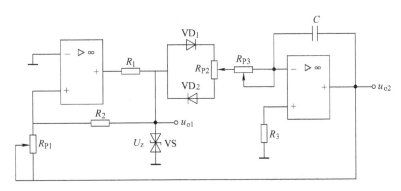

图 2-16 方波、三角波发生电路

本实验电路给出的元器件参数参考值：$R_1 = R_3 = 2\text{k}\Omega$（　　），$R_2 = 82\text{k}\Omega$（　　），$R_{P1} = R_{P2} = R_{P3} = 100\text{k}\Omega$（　　），$C = 0.02\mu\text{F}$（　　），VS 稳压值为 $\pm 6\text{V}$。

4. 实验内容与步骤

方波、三角波实验

1）按图 2-16 连接电路，接通正、负电源。

2）输出端 u_{o1} 和 u_{o2} 分别接双踪示波器的通道 CH1 和通道 CH2。用示波器观察输出信号，将 RP_1（阻值为 R_{P1}）、RP_2（阻值为 R_{P2}）和 RP_3（阻值为 R_{P3}）分别调到中间位置，使输出为理想的方波和三角波。调节 R_{P1}、使三角波幅值为 $\pm 3\text{V}$。绘制波形，测量幅值、频率和占空比，与理论值比较，计算误差。填入表 2-15 中。

3）调节 R_{P2} 的阻值至最大和最小，观察波形的变化，绘制波形图，填入表 2-15 中。

表 2-15 波形测量数据

	u_{o1}		u_{o2}			
	幅值/V	波形	频率/Hz	幅值/V	占空比（%）	波形
R_{P2} 动点在中间						
R_{P2} 动点在最上						
R_{P2} 动点在最下						

4）调节 R_{P3} 的阻值至最大和最小，测量频率的变化，与理论值比较，计算误差，填入表 2-16 中。

表 2-16 频率测量数据

	频率/Hz			频率误差
	仿真值	测量值	理论值	
R_{P3} 动点在中间				
R_{P3} 动点在最上				
R_{P3} 动点在最下				

5. 预习要求

1）方波、三角波发生电路的工作原理。

2）R_{P_1}、R_{P_2} 和 R_{P_3} 的作用及对电路参数的影响，有关理论值计算。

3）用电路分析软件（EWB 或 Multisim）仿真，绘制仿真波形。

6. 实验器材与仪器

实验电路板、示波器、数字万用表、直流稳压电源等。

7. 实验报告要求

1）定性画出各种情况下的输出波形，注明它们之间的相位关系。

2）计算理论值，进行误差分析。

3）总结实验电路的工作原理。

8. 思考题

1）分析比较三角波发生器与锯齿波发生器的共同特点和区别。

2）分析电路中二极管 VD_1、VD_2 的作用，如果没有对电路有什么影响？输出将是什么波形？

3）分析 R_1 的作用。如果没有 R_1，电路能否正常工作？

2.12 直流稳压电源

1. 实验目的

1）验证整流、滤波及稳压电路功能，加深对直流电源原理的理解。

2）学会测量直流稳压电源的稳压系数、电压调整率、电流调整率、纹波系数等技术指标。

3）掌握直流稳压电源的设计方法。

2. 知识要点

1）直流稳压电源的组成：变压器、整流电路、滤波电路、稳压电路。

2）稳压电路的种类：稳压二极管稳压电路、串联型稳压电路、集成稳压器等。

3）有关输出电压参数（平均值、有效值、最大值、稳压系数）的计算。

4）稳压系数 S_r 及电压调整率 S_u 的计算。当负载不变，输出电压相对变化量与输入电压的相对变化量之比称稳压系数。工程上把电网电压波动 10% 作为极限条件，将输出电压的相对变化作为衡量指标，称为电压调整率。

$$S_r = \frac{\Delta U_o / U_o}{\Delta U_i / U_i}\bigg|_{R_L = 常数}, \quad S_u = \frac{\Delta U_o}{U_o}\bigg|_{R_L = 常数}$$

式中，ΔU_i 为输入电压变化量；ΔU_o 为输出电压变化量。

5）输出电阻 R_o 及电流调整率 S_i 的计算。R_o 表征为输入电压不变，负载变化时，稳压电路输出电压保持稳定的能力。工程上把输出电流 I_o 从零变到额定输出值时，输出电压的相对变化称为电流调整率 S_i。

$$R_o = \frac{\Delta U_o}{\Delta I_o}\bigg|_{U_i=\text{常数}}, \qquad S_i = \frac{\Delta U_o}{U_o}\bigg|_{U_i=\text{常数}}$$

3. 实验电路

1）图 2-17 为二极管全波整流、电容滤波、可调节输出的串联型稳压电路组成的参考电路。

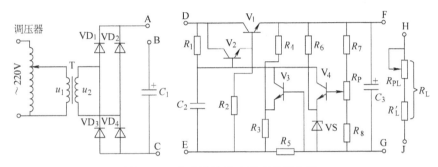

图 2-17　整流滤波及串联型稳压电路

本实验电路给出的元器件参数参考值：$R_1 = 4.7\mathrm{k}\Omega$ （　　），$R_2 = 10\mathrm{k}\Omega$ （　　），$R_3 = 33\Omega$ （　　），$R_4 = 1\mathrm{k}\Omega$ （　　），$R_5 = 5.1\Omega$ （　　），$R_6 = 510\Omega$ （　　），$R_7 = 100\Omega$ （　　），$R_8 = 200\Omega$ （　　），$R_L = 82\Omega$ （　　），$R_{PL} = 470\Omega$ （　　），$R_P = 220\Omega$ （　　），$C_1 = 2200\mu\mathrm{F}$ （　　），$C_2 = 0.01\mu\mathrm{F}$ （　　），$C_3 = 100\mu\mathrm{F}$ （　　）。

2）图 2-18 为集成稳压器组成的稳压电路，其中图 2-18a 为集成稳压器 CW317 构成的可调输出稳压电路，图 2-18b 为利用三端固定式集成稳压器 CW7815（输出 +15V）和 CW7915（输出 −15V）构成的正负输出集成稳压电路，此时电源变压器二次侧应有中间抽头并接地。

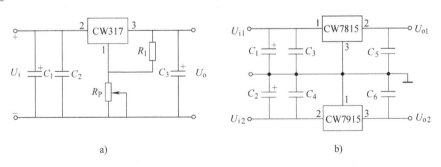

图 2-18　集成稳压器组成的稳压电路

a）可调输出稳压电路　b）正负输出集成稳压电路

4. 实验内容与步骤

（1）整流滤波电路测试

1）全波整流实验。按图 2-17 电路连线，将整流输出直接接负载（A 接 H、C 接 J）。u_1

接入交流 220V 电网电压，测量变压器二次电压 u_2。负载电阻为 $100 \sim 500\Omega$。用示波器观察负载 R_L 两端的波形。用万用表直流电压档测量 U_L 的平均值，计算理论值后，记录在表 2-17 中。

表 2-17　整流滤波测试数据

	$U_{L(AV)}$（平均值）				U_L 的波形
	仿真值	测量值	理论值	误差（%）	
全波整流实验					
整流滤波实验					

2）电容滤波实验：整流后加入滤波电容（将 A 与 B 和 H 相接，C 与 J 相连）。用示波器观察 R_L 两端波形。测量 U_L 的值，计算理论值后，记录在表 2-17 中。

（2）稳压电路测试　整流滤波后接入串联型稳压电路（将 A、B、D 相连接，C 接 E，F 接 H，G 接 J）。稳定电路也可使用图 2-18a 集成稳压器电路。

1）测量输出电压的范围：电路接通后，调整 R_P（220Ω 电位器），测量输出电压 U_L 的调节范围。

2）测量稳压系数 S_r 及电压调整率 S_u：在 R_L 保持不变（取 $200 \sim 300\Omega$）的情况下，调节 RP 使 U_L 为 12V，通过调压器使 u_i 分别增加和减小 10%（242V 和 198V），测量稳压电路的输入电压 U_i 和输出电压 U_L 的变化。再计算稳压系数及电压调整率，结果记录在表 2-18 中。

表 2-18　稳压系数及电压调整率测试数据

U_i	U_L	S_r	S_u
正常值（220V）			
增加 10%（242V）			
减少 10%（198V）			

3）测量输出电阻 R_o 及电流调整率 S_i：断开负载 R_L，$u_1 = 220V$ 的情况下，调节 R_P 使 U_L 为 12V，然后接入负载电阻 R_L，调节负载电阻使 I_o 分别为 25mA、50mA，测量输出电压 $U_{L(AV)}$。再计算输出电阻及电流调整率。结果记录在表 2-19 中。

表 2-19　输出电阻及电流调整率测试数据

I_o	u_L	R_o	S_i
U_i			
R_o			
S_i			

5. 预习要求

1）直流稳压电源各部分的工作原理、波形、参数计算。

2）理论值计算。

6. 实验器材与仪器

实验电路板、变压器、示波器、万用表。

7. 实验报告要求

1）整理测量数据，与理论值比较，进行误差分析。

2）分别绘制整流、滤波波形。

3）回答思考题。

8. 思考题

1）整流二极管和滤波电容应如何选取？

2）如何判断电路的带负载能力？

2.13 模拟电子技术研究性实验

1. 实验目的

1）研究和了解多级放大器的放大倍数和输入、输出电阻。

2）比较多级放大器的第一级分别是晶体管共射极放大电路、场效应晶体管共源极放大电路时的输入电阻，以及它们对放大器性能的影响。

3）比较多级放大器输出级分别采用晶体管共射极放大电路、射极输出器时的输出电阻，以及它们对放大器性能的影响。

2. 知识要点

1）一个阻容耦合多级放大器的输入电阻就是第 1 级的输入电阻，它的输出电阻就是末级的输出电阻。

2）共射极晶体管放大器输入电阻比较小，当信号源内阻比较大时，净输入信号就比较小。而共源极场效应晶体管放大电路输入电阻大，可以避免这一问题。

3）共射极晶体管放大器输出电阻比较大，带负载能力差。而射极输出器输出电阻小，带负载能力强。

3. 实验电路

1）图 2-19 是由 3 个共射极晶体管放大电路组成的多级放大器。

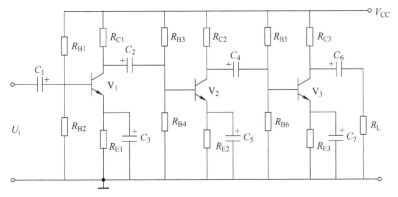

图 2-19 由 3 个共射极晶体管放大电路组成的多级放大器

本实验电路给出的元器件参数参考值：V_{CC} = 12V（ ），$R_{B1} = R_{B3} = R_{B5} =$

$60\text{k}\Omega$（　　），$R_{B2} = R_{B4} = R_{B6} = 20\text{k}\Omega$（　　），$R_{E1} = R_{E2} = R_{E3} = 1\text{k}\Omega$（　　），$R_{C1} = R_{C2} = R_{C3} = 2\text{k}\Omega$（　　），$\beta = 80 \sim 100$，$C_1 = C_2 = C_3 = C_4 = C_5 = C_6 = C_7 = 1\mu\text{F}$。

2）图2-20a是场效应晶体管共源极放大电路，图2-20b是晶体管射极输出器。

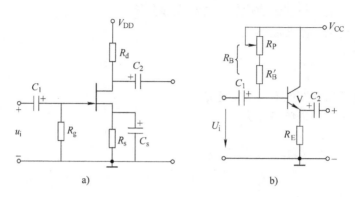

图2-20　场效应晶体管共源极放大电路和晶体管射极输出器

本实验电路给出的元器件参数参考值：$V_{DD} = 12\text{V}$，$V_{CC} = 12\text{V}$（　　），$R_d = 2\text{k}\Omega$（　　），$R_s = 2\text{k}\Omega$（　　），$R_B' = 510\text{k}\Omega$（　　），$R_E = 1\text{k}\Omega$（　　），$\beta = 80 \sim 100$，$C_1 = C_2 = C_S = 1\mu\text{F}$。

4. 实验内容与步骤

（1）由3个共射极晶体管放大电路组成的多级阻容耦合放大器工作性能测试

1）测量静态工作点。如图2-19所示电路，用万用表的直流电压挡测量各级 U_{CEQ}、U_{BQ}，根据给出的元器件参数值，计算 I_{CQ}，将测量和计算数据填入表2-20中。

2）测量电压放大倍数 A_u。调节信号发生器使其输出为电压5mV、频率为1000Hz的正弦交流信号，接入到放大电路的输入端作为放大电路的输入信号 u_i。

用示波器观察放大电路各级的输出（u_{o1}、u_{o2}、u_{o3}）的波形，当各级为不失真的信号时，用毫伏表测量 u_i、u_{o1}、u_{o2}、u_{o3}，计算电压放大倍数（$A_{u1} = u_{o1}/u_i$，$A_{u2} = u_{o2}/u_{i2}$，$A_{u3} = u_{o3}/u_{i3}$，$A_u = u_{o3}/u_i$）并填入表2-20中。

3）测量输入和输出电阻

① 测量输入电阻 R_i。在放大电路与输入信号之间串入一个固定电阻 R_s（3kΩ），用毫伏表测量 u_s、u_i 的值并按下式计算 R_i 的值。

$$R_i = \frac{u_i}{u_s - u_i} R_s$$

② 测量输出电阻 R_o。测量空载时的输出电压 u_o 和带负载（$R_L = 3\text{k}\Omega$）时的输出电压 u_o'，按下式计算 R_o

$$R_o = \left(\frac{u_o'}{u_o} - 1 \right) R_L$$

将测量结果记入表2-20中。

（2）把第1级改为场效应晶体管共源极放大电路后的多级阻容耦合放大器工作性能测试

1）测量电压放大倍数 A_u。调节信号发生器使其输出为电压5mV、频率为1000Hz的正弦交流信号，接入到放大电路的输入端作为放大电路的输入信号 u_i。

表 2-20　共射极多级放大器静态与动态数据

	U_{BQ}/V	U_{CEQ}/V	I_{CQ}/mA	A_{u1}	A_{u2}	A_{u3}	A_u	R_i/Ω	R_o/Ω
理论值									
仿真值									
测量值									
误　差									

用示波器观察放大电路各级输出（u_{o1}、u_{o2}、u_{o3}）的波形，当各级为不失真的信号时，用毫伏表测量 u_i、u_{o1}、u_{o2}、u_{o3}，计算电压放大倍数（$A_{u1} = u_{o1}/u_i$、$A_{u2} = u_{o2}/u_i$、$A_{u3} = u_{o3}/u_i$）并填入表 2-21 中。

2）测量输入电阻 R_i。在放大电路与输入信号之间串入一个固定电阻 R_s（$3k\Omega$），用毫伏表测量 u_s、u_i 的值并按下式计算 R_i 的值。

$$R_i = \frac{u_i}{u_s - u_i}R_s$$

将测量结果记入表 2-21 中。

（3）将（2）中多级放大器末级改为射极输出器后的多级阻容耦合放大器工作性能测试

1）测量电压放大倍数 A_u。调节信号发生器使其输出为电压 5mV、频率为 1000Hz 的正弦交流信号，接入到放大电路的输入端作为放大电路的输入信号 u_i。

用示波器观察放大电路各级输出（u_{o1}、u_{o2}、u_{o3}）的波形，当各级为不失真的信号时，用毫伏表测量 u_i、u_{o1}、u_{o2}、u_{o3}，计算电压放大倍数（$A_{u1} = u_{o1}/u_i$、$A_{u2} = u_{o2}/u_{i2}$、$A_{u3} = u_{o3}/u_{i3}$、$A_u = u_{o3}/u_i$）并填入表 2-21 中。

2）测量输出电阻 R_o。测量空载时的输出电压 u_o 和带负载（$R_L = 3k\Omega$）时的输出电压 u_o'，按下式计算 R_o

$$R_o = \left(\frac{u_o'}{u_o} - 1\right)R_L$$

将测量结果记入表 2-22 中。

表 2-21　第 1 级是场效应晶体管　　　　　　　　表 2-22　末级是射极
共源极放大电路的动态数据　　　　　　　　　　　输出器的动态数据

	A_{u1}	A_{u2}	A_{u3}	A_u	R_i/Ω
理论值					
仿真值					
测量值					
误　差					

	A_{u1}	A_{u2}	A_{u3}	A_u	R_i/Ω
理论值					
仿真值					
测量值					
误　差					

（注意：如果发现了输出信号失真，则需要适当减小输入信号。）

5. 预习要求

1）多级放大器有关静态和动态性能的基本内容。

2）晶体管共射极放大电路、射极输出器和场效应晶体管共源极放大电路有关静态和动态性能的基本内容。

3）计算有关数据（各级 U_B、U_{CEQ}、I_{CQ}、A_u、R_i、R_o）的理论值，填入有关表中。

4）用电路分析软件（EWB 或 Multisim）仿真，将仿真值填入有关表中。

5）常用实验仪器的功能和使用方法。

6）对各思考题做初步回答。

7）根据以上要求写出预习报告。

6. 实验器材与仪器

实验电路、示波器、信号发生器、毫伏表、万用表、直流稳压电源。

7. 实验报告要求

1）实验目的、实验电路及实验过程。

2）理论值计算与仿真值，实验数据及误差分析。

3）实验中出现的问题、解决方法、体会等。

4）回答思考题。

8. 思考题

1）第 1 级改为场效应晶体管共源极放大电路后为什么电压放大倍数增大？

2）末级改为射极输出器后放大倍数有何变化？

3）比较表 2-20 ~ 表 2-22，研究多级放大器性能提高的方法。

2.14 模拟电子技术综合性实验——振荡、带通及功放组合电路

1. 实验目的

1）通过实验初步建立模拟电路整机和系统的概念，学习模拟电路的设计方法。

2）初步掌握模拟电路具有一定功能的整机和系统的设计方法及调试方法。

2. 知识要点

1）本实验要求结合所学模拟电子技术知识，完成正弦波信号发生器的整机设计和实验。整机系统框图如图 2-21 所示。

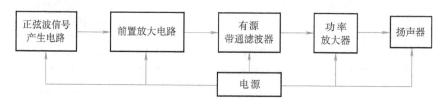

图 2-21 整机系统框图

2）各部分电路的简要说明。

① 正弦波信号产生电路可以采用本书实验 2.10 的方案，要求输出频率 f 可调。

② 前置放大器采用比例运算放大器。

③ 有源带通滤波器由低通滤波器和高通滤波器组成，电路如图2-22所示。

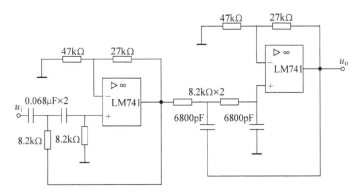

图 2-22　有源带通滤波器

④ 功率放大器可以采用 TDA200X 系列的 TDA2030 或 CD/TDA2822M 等集成功放器件。TDA2003 集成功率放大器及其外围电路如图 2-23 所示。集成功率放大器基本上都工作在 B 类状态，静态电流在 $10 \sim 50\text{mA}$，电路补偿元件可选为 $R_X = 20R_2$，$C_X = 1/(2\pi f R_1)$。

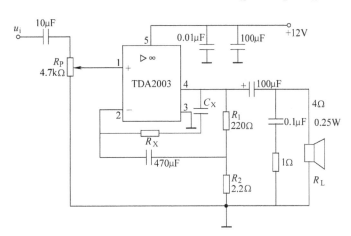

图 2-23　TDA2003 集成功率放大器及其外围电路

⑤ 直流稳压电源可任意选用自己熟悉的方案。

3. 实验内容与步骤

（1）分级调试各单元电路

1）测试调整稳压电源。使稳压电源的输出电压稳定在 12V，检验带负载能力。

2）调试正弦波振荡电路。使振荡电路输出频率在一定范围内（$300 \sim 3000\text{Hz}$）可调。

3）测试调整功率放大器。使功率放大器的静态电流在 $10 \sim 50\text{mA}$。

（2）整机统调　重点在电源和功率放大器，并修改有关元器件参数。

（3）用 EWB 或 Multisim 进行仿真实验

4. 预习要求

1）根据整机系统图深入了解单元电路的功能和相互关系。

2）计算核实电路元件参数。

81

3）用 EWB 或 Multisim 绘制电路图，并打印原理图。

5. 实验器材与仪器

1）模拟电子实验装置。

2）双踪示波器、数字万用表、晶体管毫伏表。

3）电子元器件。

① 集成运算放大器 LM741 或 LM324 芯片 6 ~ 7 片。

② 集成功率放大器 TDA2003（另加散热器）1 片。

③ 三端集成稳压器 CW317、7805 各 1 片。

④ 电源变压器 220V/16V/8V，10V·A 1 个。

⑤ 4Ω、1/4W 扬声器 1 个。

⑥ 1/4W 金属膜电阻、电位器、电容、二极管若干。

6. 实验报告要求

1）根据实验数据分析实验电路性能，记录整机的性能与技术参数。

2）提出部分电路改进方案。

3）打印 EWB 或 Multisim 的仿真电路，并进行分析。

7. 思考题

1）正弦波振荡器的输出频率调整范围由什么参数确定？如何扩大频率可调范围？

2）在正弦波振荡器中为什么要引入负反馈？反馈深度如何确定？

3）各级之间分别是用何种方式耦合的？

4）如何调试整机电路？有何体会？

2.15 模拟电子技术设计性实验

题目 A 基本放大电路

1. 实验目的

掌握基本晶体管交流放大电路的设计、调试方法。

2. 设计要求

电压放大倍数 A_u：120 ~ 130（绝对值）、输入电阻：$R_i \approx 1\text{k}\Omega$、输出电阻：$R_o \leqslant 5\text{k}\Omega$、频率范围：100Hz ~ 1000kHz、电源电压：$V_{CC} = (12 ~ 15)\text{V}$、负载电阻：6kΩ、输出最大不失真电压：2 ~ 5V（$V_{P\text{-}P}$）。

3. 实验要求

根据所设计的电路选择元器件并计算理论值。连接电路，利用有关仪器设备，测量各项技术指标并与理论值相比较，分析误差原因。

用电路分析软件（EWB 或 Multisim）设计、仿真。

4. 思考题

1）你所选定的电路静态工作点是否受温度影响？为什么？

2）如换一个 β 值明显增大的晶体管，对电路参数有何影响？通过理论和实验回答上述问题。

题目 B 多级放大电路 (1)

1. 实验目的

熟悉多级放大电路设计和调试的一般方法。

2. 设计要求

电压放大倍数 A_u：8000 ~ 12000、输入电阻：$R_i \approx 1\text{k}\Omega$、输出电阻：$R_o \leqslant 5\text{k}\Omega$、频率范围：100Hz ~ 1000kHz、电源电压：$V_{CC} = (12 \sim 20)\text{V}$、负载电阻：6kΩ、输出最大不失真电压：8 ~ 10V (V_{P-P})。

3. 实验要求

设计电路、计算理论值，查阅手册选择元器件并连接，利用有关仪器设备，测量各项技术指标。与理论值相比较，分析误差原因。

用电路分析软件 (EWB 或 Multisim) 设计、仿真。

4. 思考题

1) 电路是否可能产生自激振荡？你是如何避免的？

2) 你是如何考虑各级电压放大倍数分配的？

题目 C 多级放大电路 (2)

1. 实验目的

熟悉高输入电阻的多级放大电路设计和调试的一般方法。

2. 设计要求

电压放大倍数 A_u：1000 ~ 2000、输入电阻：$R_i \geqslant 20\text{k}\Omega$、输出电阻：$R_o \leqslant 3\text{k}\Omega$、频率范围：100Hz ~ 1000kHz、电源电压：$V_{CC} = (12 \sim 20\text{V})$、负载电阻：3kΩ、输出最大不失真电压：8 ~ 10V (V_{P-P})，可根据需要引入各种负反馈、无自激振荡。

3. 实验要求

设计电路、计算理论值，查阅手册选择元器件并连接，利用有关仪器设备，测量各项技术指标。与理论值相比较，分析误差原因。

用电路分析软件 (EWB 或 Multisim) 设计、仿真。

4. 思考题

1) 如果输入电阻要求更大 (如 $R_i \geqslant 100\text{k}\Omega$)，如何实现？

2) 如果输出电阻要求减小 (如 $R_o \leqslant 200\Omega$)，如何实现？

题目 D 基本运算电路

1. 实验目的

掌握设计、分析比例、加减电路的基本方法。

2. 设计要求

实现模拟运算：$u_o = 6u_1 + 5u_2 - 4u_3 - 2u_4$

3. 实验要求

选择元件并计算理论值。连接电路，在输入要求的范围内选择三组信号输入，测量输出电压，与理论值相比较，分析误差原因。

用电路分析软件（EWB 或 Multisim）设计、仿真。

4. 思考题

1）除你选择的方案之外，还有何种方案可实现上述要求？

2）运放的调零对输出结果的精度有何影响？

3）如对电路的输入电阻要求较高，应采取哪种电路？

题目 E 模拟乘法电路

1. 实验目的

熟悉对数、指数电路的设计及模拟乘法电路的分析方法。

2. 设计要求

$u_o = K u_x u_y$，其中 K 为负值。

3. 实验要求

1）采用运算放大器、晶体管等组成的对数、指数电路实现。

2）选择元器件，连接电路。

3）给出三组 u_x、u_y 的值，测量出 K 值和 u_o，绘制表格、整理实验数据。

4）电路分析软件（EWB 或 Multisim）设计、仿真。

4. 思考题

1）该设计对 u_x、u_y 的极性和幅值有何要求？为什么？

2）K 的理论值如何计算？

3）u_o 的理论值与测量值的相对误差是多少？原因可能是哪些？

题目 F 滤波器性能的比较

1. 实验目的

通过不同电路的设计、测试，分析一阶、二阶滤波电路幅–频特性的区别。熟悉测量幅–频特性的方法。

2. 设计要求

分别设计下限截止频率相同（$f_L = 100\,\text{Hz}$）、通带增益相同（$A_{up} = 5$）的一阶、二阶高通有源滤波电路。

3. 实验要求

1）分别设计电路、选择元器件并计算理论值。连接电路。

2）分别测量并绘制幅频特性曲线。

3）用电路分析软件（EWB 或 Multisim）设计、仿真。

4. 思考题

进行理论值、仿真值和测量值的比较，误差分析。

根据不同电路的幅–频特性，观察其幅–频特性在截止频率附近有无明显区别？说明二阶电路的优点。

题目 G RC 桥式正弦波振荡电路

1. 实验目的

掌握正弦波振荡电路的设计、分析方法。

2. 设计要求

振荡频率 $f_0 = 320\text{Hz}$（误差 $\leqslant 5\%$），放大环节采用运算放大器、输出无明显失真（可加稳幅二极管）。

3. 实验要求

设计电路、选择元器件并计算理论值。连接并调整电路，用示波器观察测量输出电压，得到不失真的正弦波信号。测量频率，与理论值相比较，检验是否达到设计要求，若不满足，则调整设计参数，直到满足为止。

用电路分析软件（EWB 或 Multisim）设计、仿真。

4. 思考题

1）满足设计要求后，所选元件参数的理论值与实际值的误差是多少？分析原因。

2）RC 振荡器中输出端加稳幅二极管的效果是否明显？稳幅原理是什么？

题目 H 非正弦波发生电路

1. 实验目的

掌握方波、三角波发生电路的设计、分析和频率调整的方法。熟悉电压比较器的应用。

2. 设计要求

输出方波和三角波信号、振荡频率 $f_0 = 100 \sim 500\text{Hz}$（连续可调）、占空比 $q = 50\% \sim 80\%$（连续可调）、幅值 u：方波 $\pm 6\text{V}$、三角波 $\pm 4\text{V}$。

3. 实验要求

设计电路、选择元器件并计算理论值。连接并调整电路，用示波器观察测量输出电压，得到不失真的输出信号。测量频率，与理论值相比较，检验是否达到设计要求，如不满足，调整设计参数，直到满足为止。

用电路分析软件（EWB 或 Multisim）设计、仿真。

4. 思考题

1）输出信号频率的理论值与实际测量值的相对误差是多少？如较大，原因是什么？

2）调换有关元件，振荡频率能否降低到 1Hz 以下，通过实验说明。

3）如要求将三角波改为锯齿波，电路应如何改动。

题目 I 直流稳压电源

1. 实验目的

掌握简单整流、滤波及稳压电路的设计方法、元器件选择及稳压系数的测量方法。

2. 设计要求

设计包括整流、滤波及稳压电路在内的直流电源，要求：

$U_o = (6 \sim 12)\text{V}$ 连续可调，负载为 100Ω，稳压系数 $S_r \leqslant 0.1$。

3. 实验要求

1）进行理论设计，选择元器件。

2）连接、调试电路，测量指标。

3）分别用示波器观察整流部分（断开后面部分）的输出波形、测量其平均值；再测量滤波后的波形和平均值（也断开后面部分），检验是否符合理论设计的要求。

4）用电路分析软件（EWB 或 Multisim）设计、仿真。

4. 思考题

1）输入电压的大小如何考虑？

2）如何判断电路的带负载能力？

数字电子技术实验

3.1 基本逻辑门逻辑功能验证

1. 实验目的

（1）了解数字集成电路基本常识、特点及使用方法。

（2）掌握常用基本逻辑门的逻辑功能及其测试方法。

2. 知识要点

（1）**数字集成电路概述** 数字集成电路是采用集成工艺，将晶体管、二极管及电子元件制作在一块半导体基片上，按照电路要求将各元器件连接起来并封装在塑料或陶瓷管壳内，引出引脚，能实现某种逻辑功能的产品。

按照集成度高低的不同可分为小规模集成电路（SSIC）、中规模集成电路（MSIC）、大规模集成电路（LSIC）、超大规模集成电路（VLSIC）、特大规模集成电路（ULSIC）、巨大规模集成电路（GSIC）。

按照组成集成电路的晶体管的极性而言，可分为双极型电路（TTL 系列）和单极型电路（CMOS 系列）。TTL 集成电路的工作电压为 5V，以 74/54 开头的最为常见，74 编号的是民用规格，54 编号的是军用规格。根据制作工艺的不同，TTL 74 电路又可以细分为 74XX：标准型、74LXX：低功耗型、74HXX：高速型、74SXX：肖特基型、74LSXX：低功耗肖特基型、74ASLXX：高级低功耗肖特基型等。CMOS 主要以 4000 系列、14000 系列和 54/74HC 系列为主，前两类是普通 CMOS 集成电路，最后一类是高速 CMOS 器件。

按照封装形式的不同，可分为双列直插封装（Dual In-line Package，DIP）、单列直插封装（Single In-line Package，SIP）、方形扁平封装（Quad Flat Package，QFP）、小型外框封装（Small Out-line Package，SOP）、塑料引线芯片载体（Plastic Leaded Chip Carrier，PLCC）等。每种封装的引脚排列各有不同，但都有规律可循。因为连线、测试方便，实验室通常使用 DIP 封装。

不同型号的集成电路芯片具有何种功能，性能参数如何，每个引脚的作用是什么，采用哪种封装，这些都可以通过查询芯片手册了解到。以 DIP 封装的 74LS08 为例，其引脚排列如图 3-1 所示，从图中可知，该芯片内部有四个完全相同的 2 输入端与门，各个与门之间相互独立，但共用电源 V_{CC} 和地 GND。引脚排列的判别方法是：将芯片印有字符或 LOGO 的面正对自己，将向内凹陷的缺口或圆槽的一侧朝左，则缺口下方最左边的引脚为 1 引脚，按照逆时针方向引脚号依次增大。

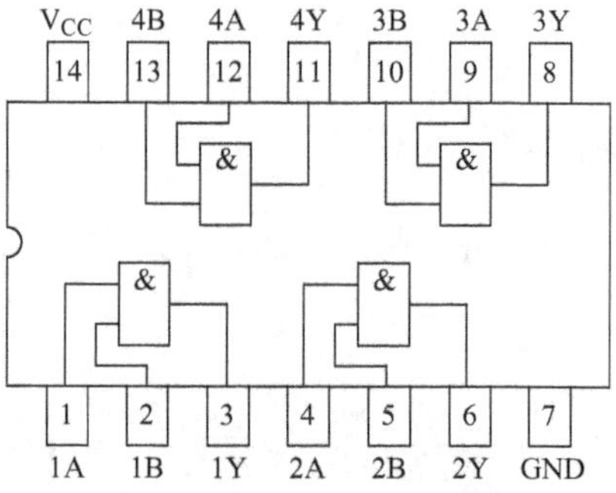

（2）TTL 集成电路的特点及使用注意事项

1）TTL 集成电路的主要特点。

① 通常采用 +5V 的电源供电。

② 速度快。

③ 驱动能力强。

④ 功耗较大。

2）TTL 集成电路使用注意事项。

① 电源电压应严格保持在 5（1±10%）V 的范围内，芯片的电源端口与接地端口不能接错，否则会因电流过大而造成器件损坏。

② 电路的输出端（OC 门和三态门除外）不允许并联使用，也不允许直接与电源或地相连，但可以通过电阻与电源相连。

③ 可根据实际情况对不使用的输入端进行处理，例如：与门、与非门的多余输入端口可以连接到电源正极，或门、或非门的多余输入端口可以接地。

④ 严禁带电情况下拔插集成电路，否则会因为电流的冲击引起集成电路的损坏。

（3）CMOS 集成电路的特点及使用注意事项

1）CMOS 集成电路的主要特点。

① 静态功耗很低。

② 电源电压范围宽，一般工作电压为 3~18V。

③ 输入阻抗非常高。

④ 扇出系数高，低频工作时，一个输出端可以驱动 50 个以上的 CMOS 器件的输入端。

⑤ 抗干扰能力强。

2）CMOS 集成电路使用注意事项。

① 电源电压不得超出上限值，也不得低于下限值。

② 多余的输入端禁止悬空，应按逻辑要求接 V_{DD} 或接 V_{SS}，以免受干扰造成逻辑混乱，甚至损坏器件。

③ 对可能产生静电的物体进行隔离或做静电泄放处理，操作者应避免穿戴尼龙、纯涤纶等易产生静电的衣裤及手套等。

④ 芯片的电源端口与接地端口不能接错，否则会因电流过大而造成器件损坏。

⑤ 严禁在带电情况下拔插集成电路。

3. 实验内容与步骤

（1）TTL 基本逻辑门的逻辑功能验证　以非门 74LS04 为例（7404、74S04、74L04、74ASL04 等均可，芯片引脚排列见附录或查看芯片手册，下同），将芯片插入实验系统的插座上，14 引脚 V_{CC} 接 +5V 电源，7 引脚 GND 接地。该芯片包含有 6 个反相器，任何一个都可以用来做验证实验，例如，将输入端 1 引脚接逻辑开关 S，输出端 2 引脚接发光二极管 LED，如图 3-2a 所示。若实验系统上已有该逻辑门，并且在面板上给出了相应的逻辑符号及输入输出端口，则可以按照图 3-2b 接线。通过逻辑开关分别赋予输入端 0、1 两种状态，

图 3-1　集成电路 74LS08 引脚图

观察输出端状态（发光二极管亮为 1，灭为 0），将测试结果填入表 3-1 中。

按照同样方法验证与门 74LS08、或门 74LS32、与非门 74LS00、或非门 74LS02、异或门 74LS86 的逻辑功能，实验接线图参考图 3-2 自行完成，并将测试结果填入表 3-2 中。

按照同样方法验证与或非门 74LS51 的逻辑功能，实验接线图自行完成，并将测试结果填入表 3-3 中。

表 3-1　74LS04 逻辑功能验证表

A	Y
0	
1	

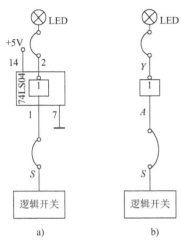

图 3-2　74LS04 逻辑功能验证实验接线图

表 3-2　74LS08、74LS32、74LS00、74LS02、74LS86 逻辑功能验证表

A	B	$Y = AB$	$Y = A + B$	$Y = \overline{AB}$	$Y = \overline{A + B}$	$Y = A \oplus B$
0	0					
0	1					
1	0					
1	1					

表 3-3　74LS51 逻辑功能验证表

A	B	C	D	$Y = \overline{AB + CD}$	A	B	C	D	$Y = \overline{AB + CD}$
0	0	0	0		1	0	0	0	
0	0	0	1		1	0	0	1	
0	0	1	0		1	0	1	0	
0	0	1	1		1	0	1	1	
0	1	0	0		1	1	0	0	
0	1	0	1		1	1	0	1	
0	1	1	0		1	1	1	0	
0	1	1	1		1	1	1	1	

（2）CMOS 基本逻辑门的逻辑功能验证　集成电路 CD4002 包含有两个四输入端或非门，实验接线如图 3-3 所示。从图中可以看到，实验只用到了其中一个或非门的三个输入端，该或非门剩下的输入端（5 引脚）和另外一个或非门的四个输入端（9、10、11、12 引脚）都进行了可靠接地处理。6 引脚和 8 引脚是空引脚，内部没有接任何电路，用 NC 标识。验证其逻辑功能，将测试结果填入表 3-4 中。

表 3-4　CD4002 逻辑功能验证表

A	B	C	$Q = \overline{A+B+C}$	A	B	C	$Q = \overline{A+B+C}$
0	0	0		1	0	0	
0	0	1		1	0	1	
0	1	0		1	1	0	
0	1	1		1	1	1	

（3）三态门逻辑功能验证　集成电路 74LS125 包含有四个三态门，实验接线如图 3-4 所示。从图中可以看到，实验用到了其中的三个，输入端 2 引脚、5 引脚、9 引脚分别接高电平、地和连续脉冲，使能端 1 引脚、4 引脚、10 引脚接三个逻辑开关。按照表 3-5 赋予逻辑开关不同的状态，观察输出端发光二极管的状态，体会三态门的功能，并记录测试结果。

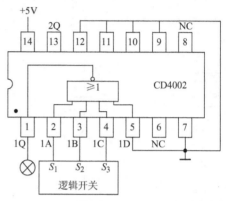

图 3-3　CD4002 逻辑功能验证实验接线图

表 3-5　74LS125 逻辑功能验证表

S_1	S_2	S_3	Q
0	1	1	
1	0	1	
1	1	0	

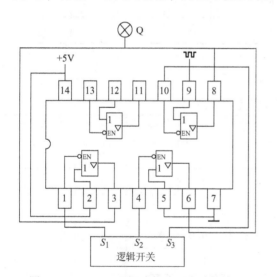

图 3-4　74LS125 逻辑功能验证实验接线图

（4）OC 门逻辑功能验证　集成电路 74LS03 是集电极开路 OC 门，其内部包含有四个与非门，任选其中一个验证逻辑功能，实验接线如图 3-5 所示。通过逻辑开关赋予输入不同的值，观察输出端发光二极管的状态，将测试结果填入表 3-6 中。

任选其中两个与非门验证 OC 门的线与逻辑功能，实验接线如图 3-6 所示，通过逻辑开关赋予输入不同的值，观察输出端发光二极管的状态，将测试结果填入表 3-7 中。

表 3-6　74LS03 逻辑功能验证表

A	B	$Y = \overline{AB}$
0	0	
0	1	
1	0	
1	1	

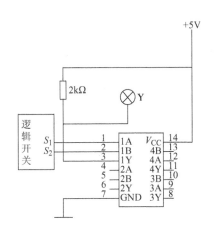

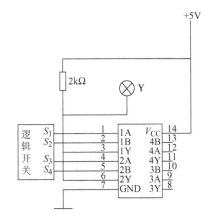

图 3-5 74LS03 逻辑功能验证实验接线图　　图 3-6 74LS03 线与逻辑功能验证实验接线图

表 3-7 74LS03 线与逻辑功能验证表

1A	1B	2A	2B	$Y = \overline{1A \cdot 1B} \cdot \overline{2A \cdot 2B}$	1A	1B	2A	2B	$Y = \overline{1A \cdot 1B} \cdot \overline{2A \cdot 2B}$
0	0	0	0		1	0	0	0	
0	0	0	1		1	0	0	1	
0	0	1	0		1	0	1	0	
0	0	1	1		1	0	1	1	
0	1	0	0		1	1	0	0	
0	1	0	1		1	1	0	1	
0	1	1	0		1	1	1	0	
0	1	1	1		1	1	1	1	

4. 预习要求

1）认真预习知识要点所述内容。

2）查找教材附录，了解实验用各芯片引脚排列，完成相关实验接线图。

5. 实验器材

1）数字电路实验系统。

2）集成电路 74LS04、74LS08、74LS32、74LS00、74LS02、74LS86、74LS51、CD4002、74LS125、74LS03 等各 1 片。各学校也可根据自有集成电路芯片情况，自行确定实验内容。

3）数字万用表 1 块。

6. 实验报告要求

1）画出实验用逻辑门的逻辑符号，并写出逻辑表达式。

2）整理实验数据，完成实验表格。

3）总结 TTL 及 CMOS 器件的特点及使用的收获和体会。

4）总结三态门功能及正确的使用方法。

5）总结 OC 门功能及正确的使用方法。

7. 思考题

1）对于 TTL 电路，为什么输入端悬空相当于逻辑高电平？

2）欲使 1 只异或门实现非逻辑，电路将如何连接？为什么说异或门是可控反相器？

3）三态门可用于哪些电路设计场合？举例说明。

4）OC 门的线与逻辑功能可用于哪些电路设计场合？举例说明。

3.2 编码器、译码器、显示译码器逻辑功能验证

1. 实验目的

1）掌握编码器、译码器、显示译码器、数码管的工作原理。

2）熟悉常用编码器、译码器、显示译码器的逻辑功能和典型应用。

2. 知识要点

1）在一个电路系统中，每一个集成电路是通过引脚与外围元器件或其他集成电路相连接的，引脚的类型主要包括信号输入端、信号输出端、信号控制端和电源端等，了解各引脚的作用对于电路的正确使用非常重要。集成电路引脚的命名至今没有统一的标准，但有一些约定俗成的规定，这些命名规则有助于我们理解和设计电路。

例如，对于信号输入端和信号控制端，如果是低电平有效，引脚图上其对应的引脚端会标识"o"，同时引脚的名字通常会标识"非"号；对于信号输出端，如果其对应的引脚端标识有"o"，同时引脚的名字标识有"非"号，通常代表输出取反；对于有下标的引脚名字，如果下标是阿拉伯数字，数字越大则表示优先级别越高或者权重越高，如果下标是英文字母，那么其在字母表中的位置越靠后权重越高。限于篇幅，此处不详细表述，大家可以通过查阅资料获取相关知识。

2）所谓编码，是指按照一定的规律，用 0 和 1 的组成代码区分同一事物的不同个体，能够实现编码功能的电路称为编码器。编码器分为二进制编码器、二–十进制编码器。

① 二进制编码器。个体的数量 m 与编码的位数 n 之间符合 $2^n = m$ 的关系，如 8 线–3 线编码器 74LS148。

② 二–十进制编码器。用 4 位长度的 0、1 序列区别十进制数 0 ~ 9，如 10 线–4 线 BCD码编码器 74LS147。

3）将输入的代码找到与之对应的个体称为译码，能够实现译码功能的电路称为译码器。译码器按用途可分为二进制译码器、码制变换译码器。

① 二进制译码器。代码的位数 n 与个体的数量 m 之间符合 $2^n = m$。常用的有双 2 线–4线译码器 74LS139、3 线–8 线译码器 74LS138。

② 码制变换译码器。将同一个数据的不同代码之间进行相互变换，如 BCD –十进制译码器 74LS42。

4）常见的数码显示器有半导体数码管（LED）和液晶显示器（LCD）两种。数码管内部一般由 8 个发光二极管组成，包含 7 个段划和一个小数点，位置排成"日"形，有共阴极接法和共阳极接法两种。共阴极数码管的公共端 COM 是所有 8 个发光二极管的阴极连在一起，使用时需要接低电平或接地；共阳极数码管的公共端 COM 是所有 8 个发光二极管的阳极连在一起，使用时需要接高电平或正电源。无论是共阴极数码管还是共阳极数码管，需

要显示什么样的字符或数字，必须使其对应的发光二极管正向导通后发光。一般而言，发光二极管的导通压降为 1.5~2.0V，工作电流 10~20mA，电流过大会损坏器件，使用时需根据型号查阅参数手册并选择合适的限流电阻。数码管的引脚排列及两种类型如图 3-7 所示。

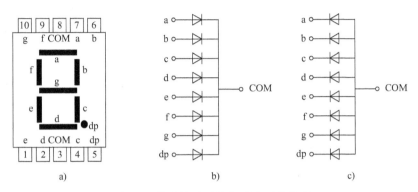

图 3-7　数码管的引脚排列及两种类型

a) 引脚图　b) 共阴极　c) 共阳极

5）将输入的 4 位 0、1 代码转换成数码管所需的段信号 a~g 称为七段显示译码器，如 74LS48、74LS248、74LS47、74LS247 等。

3. 实验内容与步骤

（1）编码器逻辑功能验证

1）74LS148 的逻辑功能验证。实验线路如图 3-8 所示，分别赋予输入端不同的状态，观察输出端的状态，将测试结果填入表 3-8 中。

2）74LS147 的逻辑功能验证。实验线路如图 3-9 所示，分别赋予输入端不同的状态，观察输出端的状态，将测试结果填入表 3-9 中。

表 3-8　74LS148 逻辑功能验证表

输入端									输出端				
$\overline{ST}$	$\overline{IN_0}$	$\overline{IN_1}$	$\overline{IN_2}$	$\overline{IN_3}$	$\overline{IN_4}$	$\overline{IN_5}$	$\overline{IN_6}$	$\overline{IN_7}$	$\overline{Y_2}$	$\overline{Y_1}$	$\overline{Y_0}$	$\overline{Y_S}$	$\overline{Y_{EX}}$
1	×	×	×	×	×	×	×	×					
0	1	1	1	1	1	1	1	1					
0	×	×	×	×	×	×	×	0					
0	×	×	×	×	×	×	0	1					
0	×	×	×	×	×	0	1	1					
0	×	×	×	×	0	1	1	1					
0	×	×	×	0	1	1	1	1					
0	×	×	0	1	1	1	1	1					
0	×	0	1	1	1	1	1	1					
0	0	1	1	1	1	1	1	1					

注：×表示状态任意（以下同）。

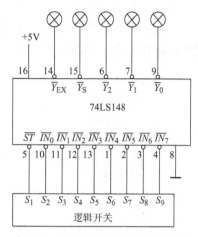

图 3-8　74LS148 逻辑功能测试图

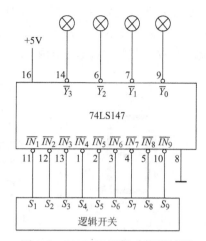

图 3-9　74LS147 逻辑功能测试图

表 3-9　74LS147 逻辑功能验证表

输入端									输出端			
$\overline{IN_1}$	$\overline{IN_2}$	$\overline{IN_3}$	$\overline{IN_4}$	$\overline{IN_5}$	$\overline{IN_6}$	$\overline{IN_7}$	$\overline{IN_8}$	$\overline{IN_9}$	$\overline{Y_3}$	$\overline{Y_2}$	$\overline{Y_1}$	$\overline{Y_0}$
1	1	1	1	1	1	1	1	1				
×	×	×	×	×	×	×	×	0				
×	×	×	×	×	×	×	0	1				
×	×	×	×	×	×	0	1	1				
×	×	×	×	×	0	1	1	1				
×	×	×	×	0	1	1	1	1				
×	×	×	0	1	1	1	1	1				
×	×	0	1	1	1	1	1	1				
×	0	1	1	1	1	1	1	1				
0	1	1	1	1	1	1	1	1				

（2）译码器逻辑功能验证

1）74LS138 的逻辑功能验证。实验线路如图 3-10 所示，分别赋予输入端不同的状态，观察输出端的状态，将测试结果填入表 3-10 中。

表 3-10　74LS138 逻辑功能验证表

输入端					输出端							
ST_A	$\overline{ST_B}+\overline{ST_C}$	A_2	A_1	A_0	$\overline{Y_7}$	$\overline{Y_6}$	$\overline{Y_5}$	$\overline{Y_4}$	$\overline{Y_3}$	$\overline{Y_2}$	$\overline{Y_1}$	$\overline{Y_0}$
×	1	×	×	×								
0	×	×	×	×								
1	0	0	0	0								
1	0	0	0	1								
1	0	0	1	0								

（续）

输入端					输出端							
ST_A	$\overline{ST_B}+\overline{ST_C}$	A_2	A_1	A_0	$\overline{Y_7}$	$\overline{Y_6}$	$\overline{Y_5}$	$\overline{Y_4}$	$\overline{Y_3}$	$\overline{Y_2}$	$\overline{Y_1}$	$\overline{Y_0}$
1	0	0	1	1								
1	0	1	0	0								
1	0	1	0	1								
1	0	1	1	0								
1	0	1	1	1								

2）74LS42 的逻辑功能验证。实验线路如图 3-11 所示，其中 BCD 码采用 8421 码拨码开关（也可以用四位普通拨码开关）。分别赋予输入端不同的状态，观察输出端的状态，将测试结果填入表 3-11 中。

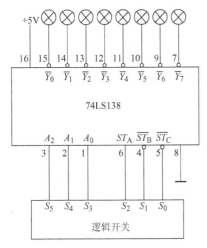

图 3-10 74LS138 逻辑功能测试图

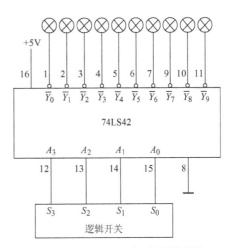

图 3-11 74LS42 逻辑功能测试图

表 3-11 74LS42 逻辑功能验证表

输入端				输出端									
A_3	A_2	A_1	A_0	$\overline{Y_9}$	$\overline{Y_8}$	$\overline{Y_7}$	$\overline{Y_6}$	$\overline{Y_5}$	$\overline{Y_4}$	$\overline{Y_3}$	$\overline{Y_2}$	$\overline{Y_1}$	$\overline{Y_0}$
0	0	0	0										
0	0	0	1										
0	0	1	0										
0	0	1	1										
0	1	0	0										
0	1	0	1										
0	1	1	0										
0	1	1	1										
1	0	0	0										
1	0	0	1										

（3）显示译码器逻辑功能验证

实验线路如图 3-12 所示，74LS48 的输出是高电平有效，因此其与共阴极数码管配合使用。分别赋予输入端不同的状态，观察输出端的状态，并与表 3-12 进行比对是否一致。74LS248 的引脚排列、逻辑功能、电特性与 74LS48 几乎完全相同，差别仅在 6 和 9 显示的字形是6和9，而 74LS48 为b和q。

74LS247 和 74LS47 也是 BCD－七段显示译码器/驱动器，但其输出是低电平有效，因此与共阳极数码管配合使用。可参照图 3-12 自行完成实验线路图，验证过程自拟。

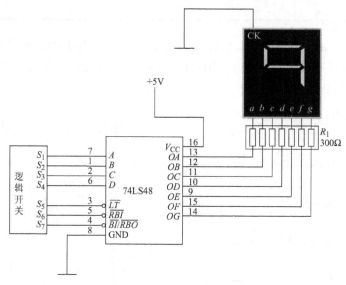

图 3-12　74LS48 逻辑功能测试图

表 3-12　74LS48 逻辑功能验证表

功能	输入		输入				输入/输出	输出							显示
（输入）	$\overline{LT}$	$\overline{RBI}$	A_3	A_2	A_1	A_0	$\overline{BI}/\overline{RBO}$	a	b	c	d	e	f	g	字形
0	1	1	0	0	0	0	1	1	1	1	1	1	1	0	0
1	1	×	0	0	0	1	1	0	1	1	0	0	0	0	1
2	1	×	0	0	1	0	1	1	1	0	1	1	0	1	2
3	1	×	0	0	1	1	1	1	1	1	1	0	0	1	3
4	1	×	0	1	0	0	1	0	1	1	0	0	1	1	4
5	1	×	0	1	0	1	1	1	0	1	1	0	1	1	5
6	1	×	0	1	1	0	1	0	0	1	1	1	1	1	6
7	1	×	0	1	1	1	1	1	1	1	0	0	0	0	7
8	1	×	1	0	0	0	1	1	1	1	1	1	1	1	8
9	1	×	1	0	0	1	1	1	1	1	0	0	1	1	9
10	1	×	1	0	1	0	1	0	0	0	1	1	0	1	⊏
11	1	×	1	0	1	1	1	0	0	1	1	0	0	1	⊐
12	1	×	1	1	0	0	1	0	1	0	0	0	1	1	⊔
13	1	×	1	1	0	1	1	1	0	0	1	0	1	1	⊑
14	1	×	1	1	1	0	1	0	0	0	1	1	1	1	⊏
15	1	×	1	1	1	1	1	0	0	0	0	0	0	0	

（续）

功能 （输入）	输入		输入/输出	输出		显示 字形
	$\overline{LT}$ $\overline{RBI}$	A_3 A_2 A_1 A_0	$\overline{BI}/\overline{RBO}$	a b c d e f g		
灭灯	× ×	× × × ×	0	0 0 0 0 0 0 0		
灭零	1 0	0 0 0 0	0	0 0 0 0 0 0 0		
试灯	0 ×	× × × ×	1	1 1 1 1 1 1 1		8

4. 预习要求

1) 了解编码器、译码器、显示译码器的工作原理。

2) 掌握实验所用集成电路的逻辑功能及引脚排列。

5. 实验器材

1) 数字实验系统。

2) 集成电路74LS148、74LS147、74LS138、74LS42、74LS248或74LS48各1片。

3) 共阴极数码显示管1只。

6. 实验报告要求

1) 整理实验数据，完成实验表格。

2) 总结常用组合逻辑器件的正确使用方法。

7. 思考题

1) 显示译码器与二进制译码器以及码制变换译码器的根本区别在哪里？

2) 如果LED数码管是共阳极的，应如何选用显示译码器？为什么？

3.3 全加器、数据选择器、比较器逻辑功能验证

1. 实验目的

1) 掌握加法器、数据选择器和比较器的工作原理。

2) 熟悉加法器、数据选择器和比较器的逻辑功能和典型应用。

2. 知识要点

1) 全加器。功能是实现二进制数相加，本位相加时须考虑从邻近低位来的进位信号，常见的有一位全加器74LS183和4位超前进位全加器74LS283等。

2) 数据选择器。功能是从多路输入数据中选择一路作为输出信号，也称为多路开关，常见的有4选1数据选择器74LS153、8选1数据选择器74LS151等。

3) 比较器。功能是进行两组二进制数大小比较并得到结果，常见的有4位比较器74LS85。

3. 实验内容与步骤

（1）74LS283逻辑功能验证 实验线路如图3-13所示，分别赋予输入端不同的状态，观察并记录输出端的状态，将测试结果填入表3-13中。

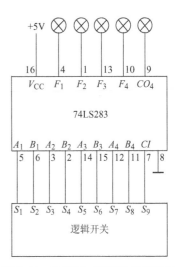

图3-13 74LS283逻辑功能测试图

表 3-13 74LS283 逻辑功能验证表

| 输入 | | | | 输出 | | | | | | | | | |
| A_1 / A_3 | B_1 / B_3 | A_2 / A_4 | B_2 / B_4 | CI = 0 | | | | | CI = 1 | | | | |
				F_1	F_2	F_3	F_4	CO_4	F_1	F_2	F_3	F_4	CO_4
0	0	0	0										
1	0	0	0										
0	1	0	0										
1	1	0	0										
0	0	1	0										
1	0	1	0										
0	1	1	0										
1	1	1	0										
0	0	0	1										
1	0	0	1										
0	1	0	1										
1	1	0	1										
0	0	1	1										
1	0	1	1										
0	1	1	1										
1	1	1	1										

（2）数据选择器逻辑功能验证

1）74LS151 逻辑功能验证。实验线路如图 3-14 所示，数据输入端 $D_7 D_6 D_5 D_4 D_3 D_2 D_1 D_0$ 的状态自行设定，分别赋予地址 $A_2 A_1 A_0$ 不同的状态，观察哪一个输入端数据传到了输出端，将测试结果填入表 3-14。

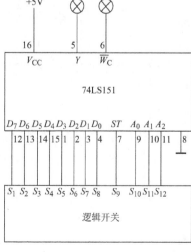

图 3-14 74LS151 逻辑功能测试图

表 3-14 74LS151 逻辑功能验证表

| 输入 | | | | 输出 | |
ST	A_2	A_1	A_0	Y	$\overline{W}_C$
1	×	×	×		
0	0	0	0		
0	0	0	1		
0	0	1	0		
0	0	1	1		
0	1	0	0		
0	1	0	1		
0	1	1	0		
0	1	1	1		

2）74LS153 的逻辑功能验证。该集成芯片含有两个 4 选 1 数据选择电路，任选其中一个即可，实验电路如图 3-15 所示，数据输入端 $D_3D_2D_1D_0$ 的状态任意设定，分别赋予地址 BA 不同的状态，观察哪一个输入端数据传到了输出端，将测试结果填入表 3-15。

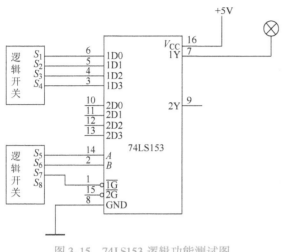

图 3-15　74LS153 逻辑功能测试图

表 3-15　74LS153 逻辑功能验证表

输入			输出
$\overline{G}$	B	A	Y
1	×	×	
0	0	0	
0	0	1	
0	1	0	
0	1	1	

（3）74LS85 逻辑功能验证　实验线路如图 3-16 所示，数 A 和数 B 共 8 位，有 256 种状态组合，限于篇幅，请自行确定若干组数据，比较大小，观察并记录输出端的状态，将测试结果填入表 3-16 中（表格行数可根据需要增加）。

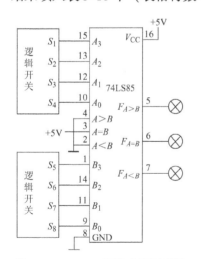

图 3-16　74LS85 逻辑功能测试图

表 3-16　74LS85 逻辑功能验证表

数 A				数 B				比较输出		
A_3	A_2	A_1	A_0	B_3	B_2	B_1	B_0	$F_{A>B}$	$F_{A=B}$	$F_{A<B}$

4. 预习要求

1）熟悉全加器、数据选择器、比较器的工作原理。

2）掌握实验所用集成电路的逻辑功能及相应引脚的功能。

5. 实验器材

1）数字实验系统。

2）集成电路 74LS283、74LS151、74LS153、74LS85 各 1 片。

6. 实验报告要求

1）整理实验数据及表格。

2）写出应用组合逻辑器件解决实际问题的体会。

7. 思考题

1）如果两个8位二进制数相加，如何用74LS283实现？完成实验线路图，并说明工作过程。

2）如果两个8位二进制数进行大小比较，如何用74LS85实现？完成实验线路图，并说明工作过程。

3.4 组合逻辑电路设计

1. 实验目的

1）掌握用基本逻辑门及功能器件实现组合逻辑电路的设计方法。

2）掌握实现组合逻辑电路的连接及调试方法，锻炼解决实际问题的能力。

2. 知识要点

1）组合逻辑电路的设计过程如图3-17所示。

图3-17 组合逻辑电路设计流程图

2）如果利用基本逻辑门，可根据图3-18中的逻辑电路图，选择符合要求的门电路来实现。如果利用功能器件，通常需要找到功能器件和逻辑电路之间的联系，将逻辑表达式尽可能变换成与所用功能器件逻辑函数相类似的形式，然后再采取对比法完成设计。需要指出的是，利用功能器件设计电路，是指以功能器件为核心，必要时辅以基本逻辑门。

3. 设计性实验

（1）题目A：码制转换电路设计及验证

设计一个如表3-17所示的8421码转换为2421码的逻辑电路。试用基本逻辑门实现该电路。要求列出真值表，写出逻辑表达式，画出实验电路图，并在实验箱上实现（下同）。

表3-17 8421-2421码制转换表

A B C D	E F G H	A B C D	E F G H
8 4 2 1	2 4 2 1	8 4 2 1	2 4 2 1
0 0 0 0	0 0 0 0	0 1 0 1	0 1 0 1
0 0 0 1	0 0 0 1	0 1 1 0	0 1 1 0
0 0 1 0	0 0 1 0	0 1 1 1	0 1 1 1
0 0 1 1	0 0 1 1	1 0 0 0	1 1 1 0
0 1 0 0	0 1 0 0	1 0 0 1	1 1 1 1

（2）题目 B：全加器电路设计

利用功能器件 74LS138 设计一个 1 位的全加器电路，设 A_i 为被加数，B_i 为加数，C_{i-1} 为低位向本位的进位，S_i 是本位和，C_i 是本位向高位的进位。

（3）题目 C：血型合格鉴定电路设计

人类有 A 型、B 型、AB 型、O 型 4 种基本血型。O 型血可以输给任意血型的人，但只能接受 O 型；AB 型可以接受任意血型，但只能输给 AB 型；A 型能输给 A 型或 AB 型，可以接受 A 型或 O 型；B 型能输给 B 型或 AB 型，可以接受 B 型或 O 型。试设计一个血型合格鉴定电路，判断输血者与受血者血型是否符合上述规定。

1）用基本逻辑门设计该逻辑电路。

2）用功能器件 74LS151 设计该逻辑电路。

（4）题目 D：密码电子锁设计

该锁有 4 个按键 A、B、C、D，按下为 1，松开为 0，当按下 A 和 B、或 A 和 D、或 B 和 D 时，再插入钥匙，锁即打开。若按错了键，当插入钥匙时，锁打不开，并发出报警信号，有警为 1，无警为 0。

1）用基本逻辑门设计该逻辑电路。

2）用功能器件 74LS151 设计该逻辑电路。

（5）题目 E：3 人判一致电路设计

3 个人分别控制按键 A、B、C，按下为 1，松开为 0，当 A、B、C 状态一致时，输出为 1，否则为 0。

1）用基本逻辑门设计该逻辑电路。

2）用功能器件 74LS138 设计该逻辑电路。

（6）题目 F：1 位二进制全减器电路设计

设 A_i 为被减数，B_i 为减数，C_{i-1} 为低位向本位的借位，S_i 是差值，C_i 是本位向高位的借位。

1）用基本逻辑门设计该逻辑电路。

2）用功能器件 74LS138 设计该逻辑电路。

（7）题目 G：2 位二进制乘法器设计

A_1A_0 和 B_1B_0 为两路二进制信号，输出为 $A_1A_0 \times B_1B_0$ 的乘积，通过数码管显示出来。例如，若 A_1A_0 和 B_1B_0 为 11 和 10 时，数码管应显示"6"。

1）用基本逻辑门实现该逻辑电路。

2）用功能器件 74LS138 实现该逻辑电路。

（8）题目 H：3 位二进制平方电路设计

$A_2A_1A_0$ 为 3 位输入二进制数，用两个数码管显示其平方数。例如 $A_2A_1A_0 = 111$ 时，则应显示"49"，方法不限。

（9）题目 I：代码转换电路设计

用 74LS283 将余三码转换为 8421BCD 码。

（10）题目 J：数据范围指示器设计

A、B、C、D 是 4 位二进制数码，可用来表示 0～15 十六个数。设计一个电路，使之能够区分两种情况：①输入的数 ≤ 9，②输入的数 ≥ 10。

1）用基本逻辑门实现该逻辑电路。

2）用数据比较器 74LS85 实现该逻辑电路。

（11）题目 K：奇校验器设计

对 4 位二进制代码 $A_4A_3A_2A_1$ 完成奇校验，方法不限。

4. 预习要求

1）根据所指定的设计题目按正规设计步骤列出真值表，写出逻辑表达式，根据需要可化简。

2）画出总体实验接线图。

5. 实验器材

1）数字实验系统。

2）基本逻辑门和所需组合逻辑功能器件。

6. 实验报告要求

1）根据实验过程及结果，整理实验数据，完善实验线路。

2）总结设计实验心得体会。

3.5 触发器、锁存器逻辑功能验证

1. 实验目的

1）掌握基本 RS 触发器的原理。

2）掌握集成 D、JK 触发器的逻辑功能及其应用。

3）熟悉 D 锁存器的逻辑功能及其应用。

2. 知识要点

1）触发器和锁存器的概念有不同的解释。通常认为，触发器是一种对脉冲边沿（即上升沿或者下降沿）敏感的存储电路，而锁存器是一种对脉冲电平（也就是高电平或者低电平）敏感的存储电路，两者都是存放二进制信息的基本单元，是构成时序电路的主要器件。

按逻辑功能分类，有基本 RS 锁存器、同步 RS 锁存器、D 锁存器、JK 触发器、D 触发器、T 触发器和 T'触发器。按制造材料分，有 TTL 类和 CMOS 类，它们在电路结构上有较大差别，但逻辑功能基本相同。

2）D 触发器的特性方程为 $Q^{n+1}=D$。常用的 TTL 型 D 触发器有 74LS74（双 D），CMOS 有 CD4013（双 D）。

3）JK 触发器的特性方程为 $Q^{n+1}=J\,\overline{Q^n}+\overline{K}Q^n$。常用的 TTL 型 JK 触发器有 74LS112（双 JK，下降沿触发）、74LS109（双 JK，上升沿触发）等；CMOS 有 CD4027（双 JK，上升沿触发）。

4）D 锁存器的特性方程为 $Q^{n+1}=D$。常用的 TTL 型 D 锁存器有 74LS75（四 D）、74LS373（八 D）；CMOS 型有 CD4042（四 D）等。

3. 实验内容与步骤

（1）D 触发器

1）D 触发器 74LS74 逻辑功能验证。实验电路如图 3-18 所示（工作电源 V_{CC} 和 GND 需接好），分别赋予输入端不同的状态，特别注意异步清零端 $\overline{R_D}$ 和异步置数端 $\overline{S_D}$ 对触发器的控

制作用，观察并记录输出端的状态，将测试结果填入表 3-18 中。

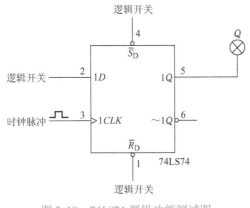

图 3-18　74LS74 逻辑功能测试图

表 3-18　74LS74 逻辑功能验证表

$\bar{S}_D$	$\bar{R}_D$	CLK	D	Q^n	Q^{n+1}
1	0	×	×	×	
0	1	×	×	×	
1	1	↓	×	0	
1	1	↓	×	1	
1	1	↑	0	0	
1	1	↑	0	1	
1	1	↑	1	0	
1	1	↑	1	1	

2）D 触发器接成 T'触发器。按图 3-19 接线，用示波器观测并记录 CLK 和 Q 的波形，体会触发器的分频作用。

（2）JK 触发器

1）JK 触发器 74LS112 逻辑功能验证。实验电路如图 3-20 所示（工作电源 V_{CC} 和 GND 需接好），分别赋予输入端不同的状态，特别注意异步清零端 $\overline{R_D}$ 和异步置数端 $\overline{S_D}$ 对触发器的控制作用，观察并记录输出端的状态，将测试结果填入表 3-19 中。

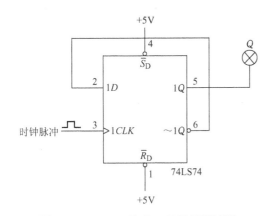

图 3-19　74LS74 接成 T'触发器测试图

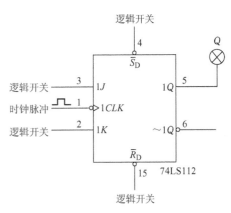

图 3-20　74LS112 逻辑功能测试图

表 3-19　74LS112 逻辑功能验证表

$\bar{S}_D$	$\bar{R}_D$	CLK	J	K	Q^n	Q^{n+1}
0	1	×	×	×	×	
1	0	×	×	×	×	
1	1	↑	×	×	0	
1	1	↑	×	×	1	
1	1	↓	0	0	0	
1	1	↓	0	0	1	

（续）

$\overline{S}_D$	$\overline{R}_D$	CLK	J	K	Q^n	Q^{n+1}
1	1	↓	0	1	0	
1	1	↓	0	1	1	
1	1	↓	1	0	0	
1	1	↓	1	0	1	
1	1	↓	1	1	0	
1	1	↓	1	1	1	

2）JK 触发器接成 T′触发器。按图 3-21 接线，用示波器观测并记录 CLK 和 Q 的波形，认真体会触发器的分频作用。

（3）D 锁存器　本实验选用74LS75，该芯片是4位锁存器，13引脚是 Q_1 和 Q_2 的使能端，4引脚是 Q_3 和 Q_4 的使能端，均为高电平有效。按图 3-22 连接好测试电路，当使能端 G_{12} 和 G_{34} 是低电平时，通过 $S_1 S_2 S_3 S_4$ 改变 $D_1 D_2 D_3 D_4$ 的状态，观察输出端的状态，测试两组数据；当使能端 G_{12} 和 G_{34} 变为高电平后，再次改变 $D_1 D_2 D_3 D_4$，观察输出端的状态，测试两组数据，将测试数据记录到表 3-20。

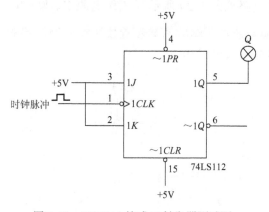
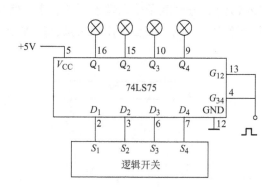

图 3-21　74LS112 接成 T′触发器测试图　　　　图 3-22　74LS75 锁存器测试图

表 3-20　74LS75 功能测试数据表

G_{12}	G_{34}	D_1	D_2	D_3	D_4	Q_1	Q_2	Q_3	Q_4
0	0	d_1	d_2	d_3	d_4				
0	0	d_1	d_2	d_3	d_4				
1	1	d_1	d_2	d_3	d_4				
1	1	d_1	d_2	d_3	d_4				

4. 预习要求

1）认真预习触发器和锁存器的知识。

2）了解本次实验所用器件引脚功能及测试方法。

5. 实验器材

1）数字实验系统。

2）双踪示波器 1 台。

3）集成电路芯片 74LS74、74LS112、74LS75 各 1 片。

6. 实验报告要求

1）整理实验数据，说明基本 RS 触发器、D 触发器、JK 触发器、D 锁存器的逻辑功能。

2）总结本次实验的收获和体会。

7. 思考题

1）异步端 $\overline{R}_D$ 和 $\overline{S}_D$ 为什么不允许出现 $\overline{R}_D + \overline{S}_D = 0$ 的情况？

2）试着分析触发器的典型应用——消震颤电路的工作原理。

3.6　寄存器、移位寄存器、计数器逻辑功能验证

1. 实验目的

1）掌握寄存器、移位寄存器和计数器的工作原理。

2）熟悉寄存器、移位寄存器和计数器的逻辑功能和典型应用。

2. 知识要点

1）寄存器的功能是存储二进制代码，它是由具有存储功能的触发器组合起来构成的，是同步时钟控制。一个触发器可以存储 1 位二进制代码，存放 n 位二进制代码的寄存器需要 n 个触发器。

2）寄存器分为基本寄存器和移位寄存器两大类。基本寄存器只能并行送入数据，也只能并行输出。移位寄存器中的数据不仅可以实现并入–并出，也可以串入–串出，还可以并入–串出或串入–并出。

3）计数器也是由多个触发器构成，用以实现计数功能和数字系统的定时、分频等。计数器按材料可分为 TTL 型及 CMOS 型；按各触发器翻转的次序，可分为同步计数器和异步计数器；按计数制的不同可分为二进制计数器、十进制计数器和 N 进制计数器；按计数的增减趋势，又分为加法、减法和可逆计数器等。

3. 实验内容与步骤

1）基本寄存器 74LS175 逻辑功能验证。实验电路如图 3-23 所示，分别赋予输入端不同的状态，观察并记录输出端的状态，将测试结果填入表 3-21 中。

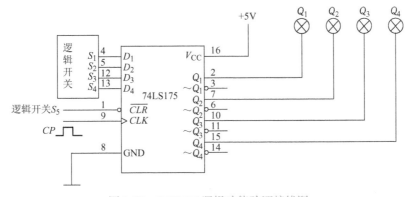

图 3-23　74LS175 逻辑功能验证接线图

表 3-21 74LS175 功能测试数据表

$\overline{CLR}$	CLK	D_1	D_2	D_3	D_4	Q_1	Q_2	Q_3	Q_4
0	×	×	×	×	×				
1	0	d_1	d_2	d_3	d_4				
1	1	d_1	d_2	d_3	d_4				
1	↓	d_1	d_2	d_3	d_4				
1	↑	d_1	d_2	d_3	d_4				

2）双向移位寄存器 74LS194 逻辑功能验证。实验电路如图 3-24 所示，按照以下步骤分别赋予输入端不同的状态，观察并体会 74LS194 的四种工作模式，将测试结果填入表 3-22 中。

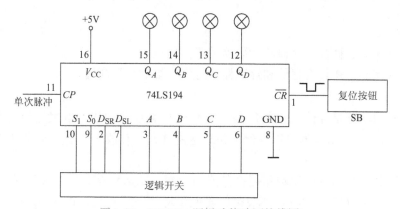

图 3-24 74LS194 逻辑功能验证接线图

① 复位。按复位按钮 SB，电路复位，$Q_D Q_C Q_B Q_A = 0000$。

② 保持。使 $\overline{CR} = 1$、$S_1 = S_0 = 0$，改变 $DCBA$ 的状态，观察 $Q_D Q_C Q_B Q_A$ 的状态，应该保持不变；使 $\overline{CR} = 1$，S_1、S_0 任意，$CP = 0$ 或 $CP = 1$，改变 $DCBA$ 的状态，$Q_D Q_C Q_B Q_A$ 的状态也应该保持不变。

③ 并行置数。使 $\overline{CR} = 1$、$S_1 = S_0 = 1$，数据输入端 $DCBA$ 置为 0101，输入单次脉冲，则 $Q_D Q_C Q_B Q_A = 0101$。如改变 $DCBA$ 数据，再按单次脉冲，新数据将置入。

④ 右移位。先通过复位的方式使 $Q_D Q_C Q_B Q_A = 0000$，再将控制端设置为 $\overline{CR} = 1$、$S_1 = 0$、$S_0 = 1$，$D_{SR} = 1$，$D_{SL} = ×$，输入单次脉冲，则 $Q_D Q_C Q_B Q_A = 0001$，连续输入三次后，$Q_D Q_C Q_B Q_A = 1111$，观察测试过程并记录。

⑤ 左移位。先通过复位的方式使 $Q_D Q_C Q_B Q_A = 0000$，再将控制端设置为 $\overline{CR} = 1$、$S_1 = 1$，$S_0 = 0$，$D_{SL} = 1$，$D_{SR} = ×$，输入单次脉冲，则 $Q_D Q_C Q_B Q_A = 1000$，连续输入三次后，$Q_D Q_C Q_B Q_A = 1111$，观察测试过程并记录。

表 3-22 74LS194 逻辑功能验证表

$\overline{CR}$	S_1	S_0	CP	D_{SR}	D_{SL}	D	C	B	A	Q_D	Q_C	Q_B	Q_A
0	×	×	×	×	×	×	×	×	×				
1	0	0	×	×	×	d	c	b	a				

（续）

$\overline{CR}$	S_1	S_0	CP	D_{SR}	D_{SL}	D	C	B	A	Q_D	Q_C	Q_B	Q_A
1	×	×	0	×	×	d	c	b	a				
1	×	×	1	×	×	d	c	b	a				
1	1	1	↑	×	×	0	1	0	1				
1	0	1	↑	1	×	×	×	×	×				
1	1	0	↑	×	1	×	×	×	×				

3）十进制计数器 74LS160 逻辑功能验证。实验电路如图 3-25 所示，按照以下步骤分别赋予输入端不同的状态，将测试结果填入表 3-23 中。

① 复位。使 $\overline{CLR}=0$，电路复位 $Q_DQ_CQ_BQ_A=0000$。

② 置数。使 $\overline{CLR}=1$、$\overline{LOAD}=0$，改变 $DCBA$ 的状态，观察 $Q_DQ_CQ_BQ_A$ 的状态，完成置数。

③ 保持。使 $\overline{CLR}=1$、$\overline{LOAD}=1$，ENP 或 ENT 任何一个为 0，无论 $DCBA$ 数据如何改变，也无论是否接入单次脉冲，$Q_DQ_CQ_BQ_A$ 的状态保持不变。

④ 计数。使 $\overline{CLR}=1$、$\overline{LOAD}=1$、$ENP=1$、$ENT=1$，输入单次脉冲，则 $Q_DQ_CQ_BQ_A$ 完成加计数。更进一步，仔细观察可知计数发生在上升沿时刻。

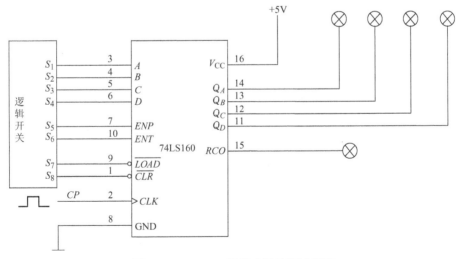

图 3-25　74LS160 逻辑功能验证接线图

表 3-23　74LS160 功能测试数据表

输入									输出				功能
CP	$\overline{CLR}$	$\overline{LOAD}$	ENP	ENT	D	C	B	A	Q_D	Q_C	Q_B	Q_A	
×	0	×	×	×	×	×	×	×					
↑	1	0	×	×	d_3	d_2	d_1	d_0					
×	1	1	0	×	×	×	×	×					

（续）

输入								输出				功能
CP	$\overline{CLR}$	$\overline{LOAD}$	ENP	ENT	D	C	B	A	Q_D	Q_C	Q_B	Q_A	
×	1	1	×	0	×	×	×	×					
↑	1	1	1	1	×	×	×	×					

4) 利用74LS160完成 N 进制计数器设计。若集成计数器的计数模值为 M，当 $N < M$ 时，只需一片集成计数器，采用复位法或置位法，通过在片外添加适当反馈信号即可实现。当 $N > M$ 时，需要多片集成计数器进行级联方可实现，级联后的计数器最大进制为 $M \times M \times \cdots \times M$。按下图接线，观察输出状态并记录。

① 复位法。利用清零端 $\overline{CR}$ 构成，即当脉冲计数到 N 时，通过反馈信号使 $\overline{CR} = 0$，强制计数器清零。例如若 $N = 7$，则当计到 $Q_3 Q_2 Q_1 Q_0 = 0111$ 时计数器清零，实验电路如图3-26所示（工作电源 V_{CC} 和 GND 需接好）。

② 置数法。利用预置端 $\overline{LD}$ 构成，当脉冲计数到 $N - 1$ 时，通过反馈信号使 $\overline{LD} = 0$，当第 N 个 CP 到来时，计数器输出端为 $Q_0 Q_1 Q_2 Q_3 = D_0 D_1 D_2 D_3$。仍以 $N = 7$ 为例，实验电路如图3-27所示（工作电源 V_{CC} 和 GND 需接好）。

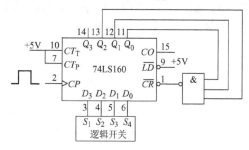
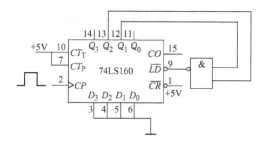

图3-26　反馈复位法构成7进制计数器　　　　图3-27　反馈置数法构成7进制计数器

③ 多片集成计数器级联。

例：用多片74LS160构成一个48进制计数器。因为74LS160为模10（$M = 10$）计数器，而 $N = 48$，所以要用两片74LS160构成此计数器。可以先将两片74LS160连接成100进制计数器，然后利用反馈复位法和反馈置数法都可以实现题目要求。以反馈复位法为例，在输入第48个计数脉冲后，应该使复位信号加到两芯片的异步清零端上，使计数器回到0000 0000状态。由于74LS160是异步清零，所以计数器输出 $Q_7 Q_6 Q_5 Q_4 Q_3 Q_2 Q_1 Q_0$ 为0100 1000时，应使 $\overline{CR} = 0$，这可以通过将高位片（2）的 Q_6 和低位片（1）的 Q_3 经过与非门后得到。电路连接如图3-28所示（工作电源 V_{CC} 和 GND 需接好）。

4. 预习要求

1) 熟悉寄存器、计数器的工作原理。

2) 掌握实验所用集成电路的逻辑功能及相应引脚的功能。

5. 实验器材

1) 数字实验系统。

2) 74LS175、74LS194、74LS10 各1片，74LS160 两片。

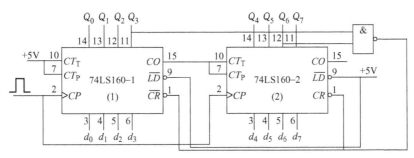

图 3-28 级联反馈复位法构成 48 进制计数器

6. 实验报告要求

1）整理实验数据，完成实验表格。

2）总结反馈复位法和反馈置位法的特点。

7. 思考题

1）如果将 74LS194 的 Q_D 与 D_{SR} 相连，令 S_1S_0 为 10，设置 $Q_D \sim Q_A$ 的初始状态为 0001，试分析当输入时钟脉冲后电路的工作过程，指出这时的移位寄存器属于何种应用？

2）74LS162 也是十进制计数器，和 74LS160 的唯一区别是它采用同步复位。如果使用 74LS162 的 $\overline{CLR}$ 端构成 7 进制计数器，则电路如何设计？

3.7 同步时序逻辑电路设计

1. 实验目的

1）掌握使用触发器实现时序逻辑电路的设计方法。

2）掌握使用时序逻辑功能器件设计电路的方法。

2. 知识要点

1）使用触发器设计时序逻辑电路的流程如图 3-29 所示。

图 3-29 同步时序逻辑电路设计流程图

2）使用时序逻辑功能器件设计电路，需要深入分析任务目标，列出状态转换图或状态转换表，再合理利用功能器件的控制端，使其输出的状态变化满足任务目标。

3. 设计性实验

1）设计一个节日彩灯控制电路，要求红绿黄三只彩灯按如下顺序显示：

要求用 JK 触发器 74LS112 及门电路实现，不出现的状态可做约束项处理，在实验台上加以调试及验证。

2）设计一个同步 7 进制加法计数器，要求用 D 触发器 74LS74 及门电路实现，电路能够自启动，在实验台上加以调试及验证。

3）利用单向移位寄存器 74LS195 设计一个节日彩灯控制电路，三个方案如下所示，在实验台上加以调试及验证。

A 方案：要求彩灯按照如下规律周而复始变化

L1	L2	L3	L4
★	★	☆	☆
☆	★	★	☆
☆	☆	★	★
★	☆	☆	★

B 方案：要求彩灯按照如下规律周而复始变化

L1	L2	L3	L4
★	★	★	☆
☆	★	★	★
★	☆	★	★
★	★	☆	★

注：实心五角星表示灯亮，空心五角星表示灯灭，下同。

4）利用 74LS160 的置数端设计一个 8 进制计数器。

5）利用 74LS161 的清零端设计一个 60 进制计数器。

C 方案：要求彩灯按照如下规律周而复始变化

L1	L2	L3	L4
★	☆	★	☆
☆	★	☆	★

6）利用可逆计数器 74LS192 设计一个篮球 24s 倒计时电路，到 0s 时停止，秒脉冲信号和显示电路均由实验台提供，启动可设计为手动。

4. 预习要求

根据设计实验内容，写出状态赋值、次态卡诺图、状态方程、驱动方程，完成实验接线图。

5. 实验器材

1）数字实验系统。

2）74LS112、74LS74、74LS195、74LS160 各 1 片，74LS161、74LS192 各两片，基本逻辑门若干。

6. 实验报告要求

1）按正规设计要求写出真值表，化简得到简化逻辑表达式，选择器件，画出逻辑图。

2）总结设计实验心得体会。

3.8 555 集成定时器典型应用

1. 实验目的

1）熟悉集成定时器 555 的工作原理。

2）掌握 555 集成定时器的典型应用。

2. 知识要点

1）555 集成定时器是电子工程领域中广泛使用的一种模拟-数字混合的中规模集成电

路，分为双极型和单极型两类。若集成片内只有一个时基电路，则双极型型号为555，单极型型号为7555。若在一个集成片内包含有两个时基电路，则对应的型号分别是556和7556。双极型的电源电压范围为 $V_{CC} = 4.6 \sim 16V$，单极型的电源电压范围为 $V_{CC} = 3 \sim 18V$。虽然定时器的型号众多，但内部电路、引脚和功能基本相同。

2）555定时器具有结构简单、使用电压范围宽、工作速度快、定时精度高、驱动能力强等优点。通过搭配合适的外围元器件，可以构成多种实际应用电路，广泛应用于脉冲振荡器、检测电路、自动控制电路、家用电器以及通信产品等。在作定时器使用时，555和7555的定时精度分别是1%和2%。555电路在作振荡器使用时，输出脉冲的最高频率可达500kHz。

3. 实验内容与步骤

（1）多谐振荡器功能验证　电路如图3-30所示，R、R_P 和 C_1 为定时元件，C_2 的作用是防止干扰电压对电路的影响。R_1 的取值一般要大于 $1k\Omega$。波形主要参数估算公式如下：

正脉冲宽度：$T_{W1} \approx 0.69 (R + R_P) C_1$

负脉冲宽度：$T_{W2} \approx 0.69 \times R_P \times C_1$

周期：$T = T_{W1} + T_{W2} \approx 0.69 (R + 2R_P) C_1$

占空比：$q = (R + R_P)/(R + 2R_P)$

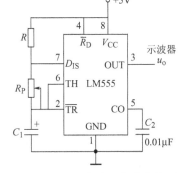

图3-30　自激多谐振荡器接线图

1）取 $R = 10k\Omega$，电位器阻值 $R_P = 5k\Omega$，$C_1 = 1\mu F$，按图3-30接线，用示波器观察并测量 u_o 的波形。

2）改变 R_P 的阻值，再观察并测量 u_o 的波形。

（2）单稳态触发器功能验证　电路如图3-31所示。R 和 C 为定时元件，T_W 由 RC 参数决定，估算公式 $T_W \approx 1.1RC$。

1）取 $R = 10k\Omega$，电位器阻值 $R_P = 5k\Omega$，$C_1 = 1\mu F$，按图3-31接线，给输入 u_i 提供一个负脉冲，用示波器观察并测量 u_o 正脉冲阻值的宽度。

2）改变 R_P 阻值，再观察并测量 u_o 正脉冲的宽度。

3）改变 $C_1 = 10\mu F$，再观察并测量 u_o 正脉冲的宽度。

（3）施密特触发器功能验证　电路如图3-32所示。由信号发生器分别提供正弦波、三角波、锯齿波，频率 $1 \sim 10kHz$、幅值5V，用双踪示波器同时观察 u_i 和 u_o。

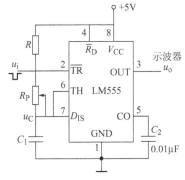

图3-31　单稳态触发器接线图

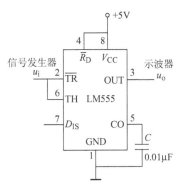

图3-32　施密特触发器接线图

(4) 设计性实验

1) 题目 A：设计一个施密特触发器，要求回差电压可调。用信号发生器输入正弦波，用双踪示波器观察输入与输出电压波形。若 CO 端接一个直流电压，则可用来调节 ΔV_T 值。

2) 题目 B：设计一个警笛电路，用两块 555（7555）或一块 556（7556）及必要的元器件设计一个电路，可以发出类似于救护车声音。即：高频→低频→高频……，交替时间为 1~2s，频率应明显有所区别。

3) 题目 C：设计一个占空比可变的多谐振荡器，其振荡频率为 10Hz，占空比为 1/2 ~ 2/3（连续可调）。

4) 题目 D：设计一个电灯延时开关控制电路，当开关触动后，电灯点亮 30s 后自动熄灭。

4. 预习要求

1) 复习 555 定时器的相关知识，熟悉各引脚的作用。

2) 根据实验内容提前计算出理论值。

5. 实验器材

1) 数字实验系统 1 台。

2) 定时器 555（7555）或 556（7556）1 块。

3) 信号发生器、双踪示波器。

4) 电位器、电阻、电容若干。

6. 实验报告要求

1) 画出实验电路，整理实验数据，记录各被测波形。

2) 总结实验心得体会。

7. 思考题

1) 555 定时器 CO 引脚的作用是什么？不用时为什么要对地加一个 $0.01\mu F$ 电容？

2) 555 定时器 4 引脚 $\overline{R}_D$ 的作用是什么？一般情况下 $\overline{R}_D$ 应接何种电平？

3.9 数模转换电路功能测试及应用

1. 实验目的

1) 熟悉 D/A 转换器的基本工作原理。

2) 掌握 DAC0832 的性能及典型应用。

2. 知识要点

(1) 数模转换器（Digital to Analog Converter，DAC） 是将输入的数字量 D 转换成模拟量 A 输出。一个 n 位 D/A 转换器的基本构成如图 3-33 所示。它由数码寄存器、模拟电子开关、电阻解码网络、求和电路及基准电压等几部分组成。数字量以串行或并行方式输入并存储于数码寄存器中，寄存器并行输出的每位数码驱动对应数位上的模拟开关，将电阻解码网络中获得的相应数位权值送到求和电路，求和电路将各位权值相加便得到与数字量对应的模拟量。

(2) 集成 DAC 芯片使用注意事项

1) 选择分辨率、精度、速度足够的 DAC 芯片。

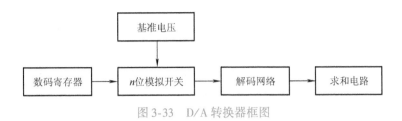

图 3-33 D/A 转换器框图

2）选择功能特征符合需要的 DAC 芯片。

① 输入特征。不同的集成芯片，对输入数字信号的要求是不一样的。例如，多数输入为纯二进制码，但也有个别是 8421BCD 码；多数芯片要求并行输入，但也有是串行输入的。

② 输出特征。多数集成芯片必须外接运算放大器和基准电压，输出电平一般是 5 ~ 10V，电流型输出为 20mA 以下。

③ 控制功能。如片选、锁存、电平转换等功能，根据需要选用。

3）基准电源有固定、可变、内载和外接之分。

其他如温度特性、电源极性、产品工艺等，可视价格、功耗、使用环境等选择决定。

（3）DAC0832 是一种常用的 8 位 D/A 转换芯片，可以直接与 8051 等微处理器相连，其芯片外引脚排列如图 3-34 所示。

D_7 ~ D_0 是数字信号输入端；ILE 是输入寄存器允许端，高电平有效；$\overline{CS}$ 为片选信号，低电平有效；$\overline{WR_1}$ 为写信号 1，低电平有效：$\overline{XFER}$ 为传送控制信号，低电平有效；$\overline{WR_2}$ 为写信号 2，低电平有效；I_{o1}、I_{o2} 为电流输出端；R_{fb} 是集成在片内的用于外接运放的反馈电阻；V_{REF} 是基准电压，范围为 – 10 ~ 10V；V_{CC} 是电源电压，范围是 5 ~ 15V；AGND 是模拟地；DGND 是数字地。

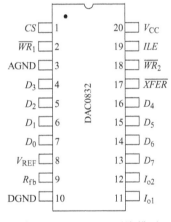

图 3-34 DAC0832 引脚排列

DAC0832 输出的是电流信号，若需要转换为电压，必须经过一个外接的运算放大器实现。

3. 实验内容与步骤

将 DAC0832 插入实验装置，按图 3-35 接线，按照表 3-24 所设输入的数字量，分别测量并填写输出 U_o 的值，分析总结数模转换器的功能。

表 3-24 DAC0832 逻辑功能测试表

输入数字量								输出模拟电压（U_o）	
D_7	D_6	D_5	D_4	D_3	D_2	D_1	D_0	实测值	理论值
0	0	0	0	0	0	0	0		
0	0	0	0	0	0	0	1		
0	0	0	0	0	0	1	1		

（续）

输入数字量								输出模拟电压（U_o）	
D_7	D_6	D_5	D_4	D_3	D_2	D_1	D_0	实测值	理论值
0	0	0	0	0	1	1	1		
0	0	0	0	1	1	1	1		
0	0	0	1	1	1	1	1		
0	0	1	1	1	1	1	1		
0	1	1	1	1	1	1	1		
1	1	1	1	1	1	1	1		

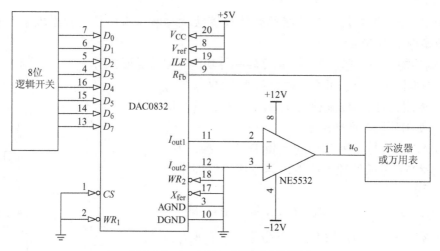

图 3-35　DAC0832 功能测试接线图

4. 设计性实验

使用计数器、DAC0832 和附加电路设计一个阶梯波发生器电路。其原理框图如图 3-36 所示。将计数脉冲送到计数器进行计数，计数器的输出端接 D/A 转换器的输入端，D/A 转换器的输出则为周期阶梯电压波形。

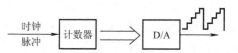

图 3-36　阶梯波发生器电路原理框图

要求写出设计步骤，分析设计思路，并在实验系统上调试，用示波器观测并记录输出电压的波形。

5. 预习要求

1）复习 D/A 转换器的工作原理。

2）查找书后附录，画好进行实验用各芯片引脚图及实验接线图。

3）画好实验用记录表格。

6. 实验器材

1）数字实验系统。

2）示波器 1 台。

3）数字万用表 1 块。

4）DAC0832、74LS161 或 74LS163、NE5532 或 LM358 各 1 片。

7. 实验报告要求

1）整理所测实验数据，画出实验电路。

2）分析理论值和实际值的误差。

3）绘出所测得的电压波形，并进行比较、分析。

8. 思考题

转换精度与什么因素有关？为减小误差应该采取什么措施？

3.10 模数转换电路功能测试及应用

1. 实验目的

1）熟悉 A/D 转换器的基本工作原理。

2）掌握 A/D 转换集成芯片 ADC0809 的性能及典型应用。

2. 知识要点

1）模/数转换器（Analog to Digital Converter，ADC）是将随时间连续变化的模拟信号转换成离散的数字量。A/D 转换器大致有三类：一是双积分 A/D 转换器，优点是精度高，抗干扰性好，价格便宜，但速度较慢；二是逐次逼近 A/D 转换器，精度、速度、价格适中；三是并行 A/D 转换器，速度较快，价格也昂贵。

2）ADC0809 是一种常见的逐次逼近式 8 位模/数转换器，其芯片外引脚排列如图 3-37 所示。

$IN_0 \sim IN_7$ 为 8 个模拟量输入端；$START$ 为启动 A/D 转换输入端，当 $START$ 为高电平时，开始 A/D 转换；EOC 为转换结束信号，可用做 A/D 转换是否结束的检测信号或中断申请信号，当 A/D 转换完毕之后，发出一个正脉冲；C、B、A 为通道信号地址端，选中取值从 000 ~ 111，分别对应通道 $IN_0 \sim IN_7$；ALE 为地址锁存信号，当 ALE 为高电平时，允许 C、B、A 所选中的通道工作，并把该通道的模拟量送入 A/D 转换器；$CLOCK$ 为外部时钟脉冲输入端，改变外接 R、C 的数值可改变时钟频率；$D_7 \sim D_0$ 是数字量输出端；$V_{REF}(+)$ 和 $V_{REF}(-)$ 是参考电压端，通常 $V_{REF}(+)$ 接 5V，$V_{REF}(-)$ 接 0V；V_{CC} 是电源电压，通常接 5V；GND 是接地端。

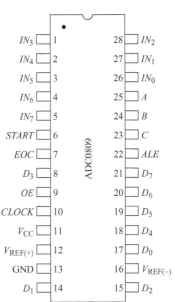

图 3-37 ADC0809 芯片外引脚排列

3. 实验内容与步骤

1）在实验系统中插入 ADC0809，按图 3-38 接线，其中 $D_7 \sim D_0$ 分别接 8 只发光二极管，CLK 接脉冲，通道信号地址端 C、B、A 接逻辑开关。

2）设置 CP 脉冲频率大于 10kHz，逻辑开关为 000，用万用表测量 U_i，调节 R_P 使 U_i 为 5V，按动单次脉冲，观察输出 $D_7 \sim D_0$ 的状态并记录下来。

3）调节 R_P，使 U_i 分别为 +4V、+3V、+2V、+1V、0V，按动单次脉冲，观察输出 $D_7 \sim D_0$ 的状态并分别记录填入表 3-25。

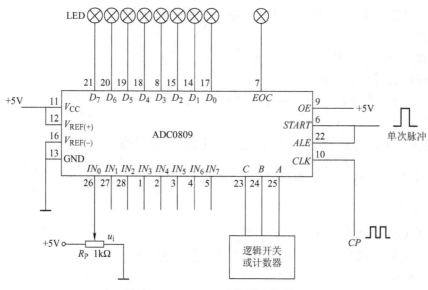

图 3-38　ADC0809 功能测试接线图

表 3-25　ADC0809 逻辑功能测试表

输入模拟量 u_i/V	输出数字量							
	D_7	D_6	D_5	D_4	D_3	D_2	D_1	D_0
5								
4								
3								
2								
1								
0								

4. 预习要求

1）复习 A/D 转换器的工作原理。

2）熟悉 ADC0809 芯片的各引脚功能及使用方法。

3）画好实验用记录表格。

5. 实验器材

1）数字实验系统。

2）数字万用表 1 块。

3）集成电路 ADC0809 1 片，1kΩ 电位器 1 只。

6. 实验报告要求

1）整理所测实验数据，画出实验电路。

2）写出心得体会。

7. 思考题

1）若模拟电压为双极性输入时，电路应如何改接？

2）转换误差与何有关？

3.11 数字电子技术综合实验

1. 实验目的

1）学习并掌握用系统性的思维方式分析、解决实际问题。

2）掌握组合逻辑电路综合设计实验的一般性方法。

3）掌握常用组合逻辑功能电路的典型应用。

2. 知识要点

（1）逻辑思维的建立　首先应当清楚，数字逻辑电路处理的对象是用两种不同电平表示的 0 和 1 这两个离散量，而要解决的实际问题在现实生活中的表现形式却多种多样，如何将两者有机地联系起来，这需要电路设计者能够建立正确的逻辑思维。对于初学者而言，这不是一件容易的事，但经过系统的学习、实践、检验、再学习、再实践、再检验的过程，相应大家的逻辑思维能力能够得到有效提高。

实际问题和逻辑抽象建立联系，关键的环节之一就是编码，也就是要将现实生活中用来描述问题的文字、符号、声音、图像等通过编码电路转换成对应的 0、1 逻辑来表述。

（2）准确理解设计任务，完成顶层设计　具体而言，就是确定输入量、输出量、中间处理环节三者之间的联系，以及各个模块电路的功能。

（3）按照最优原则，完成各模块电路的设计　所谓最优原则，是指在保证完成各项设计要求的前提下，设计的可靠性、经济性、可扩展性、工艺性等诸方面的平衡统一，即最适合性。

（4）功能模块电路互连、测试、统调　此环节非常容易出现新的问题，并由此带来原设计方案的调整和再设计，循环往复，直至完成所有的设计要求。

上述内容不仅适用于组合逻辑电路的设计，也同样适用时序逻辑电路的设计。

3. 实验内容与步骤

（1）四路抢答器实验　优先判决电路是用来判断哪一个预定状态优先发生的电路，如判断赛跑者谁先到达终点，智力测验中谁先抢答等。

图 3-39 是由 74LS75 及相应的门电路构成的 4 人抢答器。处于初始状态时，开关 S_5 和 S_6 均断开，因此 74LS75 的 G_{12} 和 G_{14} 都是低电平，使能端无效，$\overline{Q_1} \sim \overline{Q_4}$ 都是高电平，74LS20 的 Y_1 输出为低电平，晶体管 3DK4 截止，蜂鸣器不发声。

当主持人按下开关 S_5 宣布开始抢答时，或非门 74LS02 的两个输入端 A 和 B 均为低电平，所以 Y 的输出为高电平，74LS75 使能端有效。$S_1 \sim S_4$ 为抢答者按键，当无人抢答时，$S_1 \sim S_4$ 均未被按下，$D_1 \sim D_4$ 均为低电平，$Q_1 \sim Q_4$ 输出都是低电平，LED 发光二极管不亮，$\overline{Q_1} \sim \overline{Q_4}$ 都是高电平，74LS20 的 Y_1 仍输出低电平，晶体管 3DK4 截止，蜂鸣器不发声。

当有人抢答时，例如 S_1 被按下，则 D_1 变为高电平，使 Q_1 立即变为高电平，发光二极管 L_1 点亮，指示第一路优先抢答，同时 $\overline{Q_1}$ 变为低电平，使 74LS20 的 Y_1 输出高电平，晶体管导通，蜂鸣器发声。Y 的输出由高变低，74LS75 使能端无效，其他抢答者的按钮失去作用。

主持人可通过按下开关 S_6，使 74LS75 使能端有效，四位选手的按钮断开，$D_1 \sim D_4$ 均为低电平，使电路恢复初始状态，为下一次抢答做好准备。

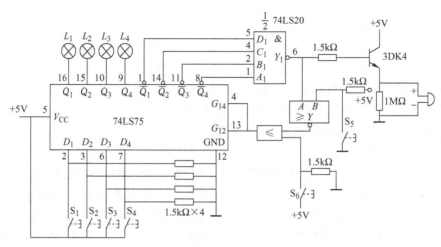

图 3-39 四路抢答器逻辑电路

按图 3-39 接线，依照上述步骤进行测试，检查抢答功能是否正常，并将测试结果记录下来。

开关 S_5 和 S_6 可以设计成联动方式，使抢答电路操作起来更方便快捷，请读者认真思考，自行完成。

还可以在以上电路的基础上增加减计时模块，即当主持人宣布抢答开始后，从 60s 开始减计时并显示剩余时间，若减至 0 时，一直都没有选手按键，则此后的抢答被禁止，直到主持人重新启动下一次抢答。

（2）数字定时器实验 参考电路如图 3-40 所示（CC4078 和 CC4009 的 V_{DD} 和 GND 需接好），主要由时基产生电路和数字逻辑开关两部分组成。通过逻辑开关的不同组合，可设置 255 种定时时间。

CMOS 集成电路 CC4060 外接 32768Hz 晶振，通过微调电容 C_1 可以获得精确的 32768Hz 方波信号。CC4060 有 10 个不同的分频输出，分频系数为 16～16384，通过 3 引脚可得到 2Hz 的信号（该部分电路如果不方便搭建，也可由实验箱直接提供脉冲信号）。2Hz 信号作为 CMOS 集成电路 CC4013 的脉冲，由于图中 CC4013 接成了 T'触发器，因此其 13 引脚输出 1Hz 信号。

用 2 片 16 进制可逆计数器 74HC191 可构成 2～256 进制减法计数器，由计数器数据端（D_7～D_0）的不同组合可将其预置为 2～256 进制。先将开关 S 拨向"地"端，74HC191 预置数，再将开关 S 拨向 +5V 端，计数器开始减计数工作。CC4078 为 8 输入或非门，其输出一方面经反馈线送至 74HC191 的 4 引脚，另一方面经过反相器 CC4009 送到与门 CC4081 的输入端。74HC191 的 4 引脚为计数使能端，当处于低电平时计数，处于高电平时停止计数。

计数没有结束时，CC4078 至少有一个输入端为高电平，其输出为低电平，此时灯亮。当计数器减到 0 时，CC4078 的所有输入端均为 0，其输出高电平，此时灯灭，同时 74HC191 停止计数。

（3）十进制加法电路实验 十进制是日常生活中大家最常用也最熟悉的数制，两个 1 位的十进制数加法电路基本要求是：被加数和加数通过按键输入，通过编码器转换为两个 4 位的二进制数相加，相加的结果通过数码管显示，其顶层设计框图如图 3-41 所示。

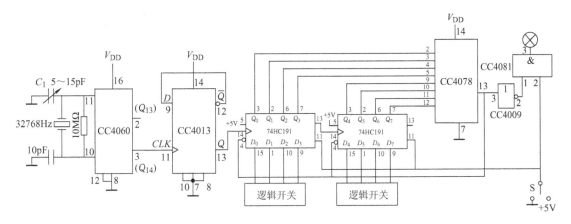

图3-40 数字定时器参考电路

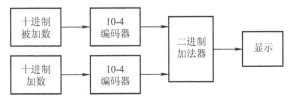

图3-41 两个1位十进制数相加顶层设计框图

根据顶层设计框图，完成电路设计如图3-42所示，在实验系统上接线，并测试系统是否满足所有的设计要求。

分析可知，当两个十进制数相加的结果小于等于9时，系统功能一切正常，但结果大于9时，就会显示错误的字符。原因不难发现，一个数码管能显示的最大数字就是9，设计题目要求两个1位十进制数相加，那么其结果最大是18，超出了一个数码管能显示的范围。

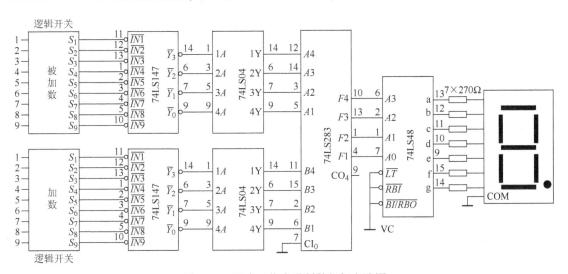

图3-42 两个1位十进制数相加电路图

解决思路：增加一个数码管，一个用来显示个位数，一个用来显示十位数。加的结果先送到比较器与9进行比较，当结果小于等于9时，通过使控制端有效直接进行显示；当结果大于 9 时，其与 6 相加后再通过相应控制端进行显示。修改后的设计框图如图 3-43 所示。具体电路请读者自行设计完成并在实验系统上测试。

与加法类似，两个 1 位的十进制数减法电路基本要求是：被减数和减数通过按键输入，通过编码器转换为两个 4 位的二进制数相减，相减的结果通过数码管显示。由于二进制的减法是转换为补码后相加，其顶层设计框图如图 3-44 所示，具体电路请读者自行设计完成并在实验系统上测试。

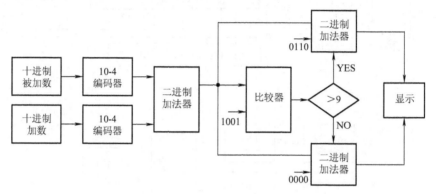

图 3-43　两个 1 位十进制数相加顶层设计框图

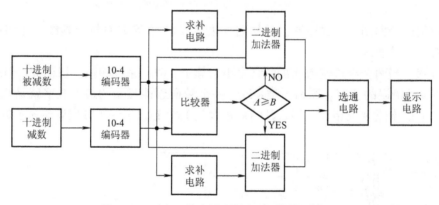

图 3-44　两个 1 位十进制数相减顶层设计框图

第4部分

电子课程设计

4.1 函数发生器设计

1. 题目概述

函数发生器一般是指能自动产生正弦波、三角波、方波及锯齿波、阶梯波等电压波形的电路或仪器。根据用途不同，有产生三种或多种波形的函数发生器，使用的器件可以是分立器件（如视频信号函数发生器 S101 全部采用晶体管），也可以采用集成电路（如单片函数发生器模块 5G8038）。为进一步掌握电路的基本理论及实验调试技术，本课题要求设计由集成运算放大器与晶体管差分放大器共同组成的方波-三角波-正弦波函数发生器。

2. 设计任务

1）设计内容为方波-三角波-正弦波函数发生器。性能指标要求：

① 频率范围：100Hz~1kHz，1~10kHz。

② 输出电压：方波 $U_{p-p}=24V$，三角波 $U_{p-p}=6V$，正弦波 $U>1V$。

③ 波形特征：方波 $t_r<10\mu s$（1kHz，最大输出时），三角波失真系数 $\gamma<2\%$，正弦波失真系数 $\gamma<5\%$。

2）可以采用双运放 μA747 差分放大器设计，也可以用其他电路完成。通过查找资料选定两个以上方案，进行方案比较论证，确定一个较好的方案。

3）使用电源 AC 220V。

4）发挥部分。

① 矩形波占空比50%~95%可调。

② 另一设计方案：首先产生正弦波，然后通过整形电路将正弦波变换成方波，再由积分电路将方波变成三角波。

3. 设计要求

1）开题、调研，查找并收集资料。

2）总体设计，画出框图。

3）单元电路设计。

4）电气原理设计——绘制原理图。

5）列元器件明细表。

6）电路仿真-打印仿真结果，并进行分析和说明。

7）电路组装及调试（用面包板搭接电路）。

8）测量调整实验：用示波器进行波形参数测试。

9）用 Protel 绘制印制电路板图。

10）撰写设计说明书（字数3000左右，要全面反映以上环节和设计内容，并列出参考资料目录，最后总结本次设计的心得和体会）。

11）鼓励创新，要求每个人独立完成。

12）完成组装调试等全过程需要在两周时间内完成，如果不选做组装调试和设计印制电路板，仅需一周时间。

4. 设计提示

用运算放大器组成比较器产生方波，将方波输入用运放组成的积分器可以产生三角波，三角波在一定条件下利用差分放大器可以变换为正弦波。

4.2 数字频率计设计

1. 题目概述

数字频率计是用来测量各种信号频率的一种装置，在测量转速、振动频率等方面应用极其广泛。本次所要求设计的数字频率计可以测量正弦波、方波、三角波和各种脉冲信号的频率。

2. 设计任务

1）频率测量范围为 $1\mathrm{Hz} \sim 9.999\mathrm{kHz}$，测量结果用 4 个 LED 数码管显示。

2）被测信号为正弦波、三角波和矩形波等，被测信号幅值范围 $100\mathrm{mV} \sim 15\mathrm{V}$。

3）总的响应时间低于 2s，即信号输入后 2s 内显示出被测信号频率。

4）测量相对误差范围 $\pm 0.1\%$。

3. 设计要求

1）开题、调研，查找并收集资料。

2）总体设计，画出框图。

3）单元电路设计。

4）电气原理设计——绘制原理图。

5）列元器件明细表。

6）电路仿真-打印仿真结果，并进行分析和说明。

7）电路组装及调试（用面包板搭接电路）。

8）测量调整实验：接上倍频电路，测量输出频率；用555搭接一个振荡器，测量其输出频率，再用数字万用表频率档或频率表测量校验。

9）撰写设计说明书（字数3000左右，要全面反映以上环节和设计内容，并列出参考资料目录，最后总结本次设计的心得和体会）。

10）鼓励创新，要求每个人独立完成。

11）要求在两周时间内完成。建议一部分学生做4.1项目，一部分做4.2项目，可以把学生制作的函数发生器的信号用学生制作的频率计进行检测，学生会更有兴趣。

4. 设计提示

1) 参考框图如图 4-1 所示。其中 f_X 为传感器送出的检测信号（可以选用霍耳式光电传感器，其原理见有关参考书）。在进行仿真实验时，可以用虚拟信号发生器，输出锯齿波或方波信号代替 f_X。

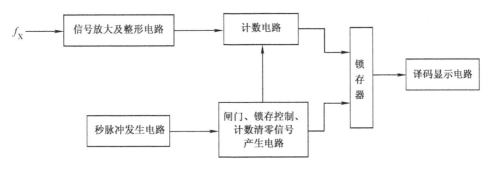

图 4-1　数字频率计原理框图

2) 参考器件：晶振（32768Hz）、CC4060、CC40106、74LS160、74LS75、74LS47、共阳极数码管。

4.3　臭氧发生器设计

1. 题目概述

臭氧（O_3）是一种强氧化剂。适量臭氧可以起到杀灭环境中的病菌，净化空气的作用；高浓度的臭氧可以给医院病房、手术室灭菌消毒，而且由于气体可以进入任意缝隙和空间，比紫外线消毒更具优越性。臭氧还可以用于纯净水消毒、游泳池水净化以及工业废水处理等。但臭氧稳定性很差，在常温下会自行分解为氧气，所以臭氧不能储存，只能边生成边利用。臭氧发生器适用于医院诊室、接待室和家庭。

设计应考虑以下要求：①一般在室内有人时，用于空气"清新"，臭氧浓度不宜过大，可采用每隔半小时电路提供 5min 臭氧，间断工作；而室内无人时，用于"消毒"，则连续发生臭氧 1h 后自动停机。因此工作方式设置两档；②由于臭氧比空气重，在正常使用时一般将发生器放置在比较高的位置，为方便使用，需要增加遥控切换电路。

2. 设计任务

1) 主电路设计。主电路由三部分组成：

① 振荡电路，要求振荡频率 $f = 20 \sim 30$kHz。

② 功率放大电路。

③ 升压变压器，将输出电压变到 3000V，供给放电器件。这里规定采用电压比为 10:3000 的高频变压器。采用高电压下尖端放电或陶瓷沿面放电技术产生臭氧，可以提高效率。本设计规定采用 200mg/h 的陶瓷放电器件，型号 N-20。放电器件符号如图 4-2 所示。

采用小型风机将产生的臭氧从机器内排出。

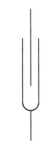

图 4-2　放电器件符号

2）控制电路设计。

① "清新" 方式：控制振荡器 5min 工作，30min 停止，交替进行。

② "消毒" 方式：控制振荡器连续工作 1h 后，停止工作。

③ 两档的切换应用遥控器控制操作（或用开关手动操作）。

3）遥控电路设计。

① 控制 "清新" "消毒" 两档遥控切换。

② 简单的切换状态显示。

4）电源电路设计。本设计供电电源 AC 220V，功率不超过 20W。

3. 设计要求

1）开题、调研，查找并收集资料。

2）总体设计，画出框图。

3）单元电路设计。

4）电气原理设计——绘原理图。

5）参数计算——列元器件明细表。

6）印制电路板设计及工艺设计。

7）电路仿真-打印仿真结果及关键点的波形，并进行分析和说明。

8）撰写设计说明书（字数 3000 左右，要全面反映以上环节和设计内容，并列出参考资料目录，最后总结本次设计的心得和体会）。

9）鼓励创新，要求每个人独立完成。

4. 设计提示

1）主电路和放电器件部分可以采用现成的套件。

2）如果采用面包板插接，要注意高压部分需要另外连接，不能使用同一块面包板。

3）可以采用一部分一部分地搭接电路，先完成主电路，可以生成臭氧了，再连接 "清新" 部分，再连接 "消毒" 部分，再制作遥控部分等。

4）每做一部分最好做一个制作记录，全部完成后就会感到很有收获。

5）本项目一般需要两周时间。

4.4 多功能报警器设计

1. 题目概述

电子报警器涉及范围广，从家庭防盗到工农业、餐饮娱乐业上的各方面都有应用，不同的场合报警器的功能不一，因而其电路的设计也不尽相同。本课题针对家庭进行报警器的多功能设计。家庭安全和防盗报警类型较多，这里考虑到一般家庭需要下面几个功能：①煤气泄漏时做出报警；②玻璃破碎时做出报警；③主人不在家，门窗被打开会报警。有了这三个功能，则基本满足家庭安全和防盗报警要求。另外，考虑报警信号传输方式，可有两种选择：第一是通过电话进行远距离传送，智能化处理；第二为通过无线电进行发送，这种方法简单易行。

2. 设计任务

1）传感器及相关电路的设计。

① 传感器或其他探测器：把煤气、玻璃破碎、门窗非正常打开等有关信号转换成不同

的电信号。

② 放大电路把电信号进行放大。

③ 信号比较电路把放大的电信号和基准信号进行比较。

2）主电路设计。主电路主要进行报警的设定和解除以及报警信号的处理，三种报警信号要有区别。

3）信号发送、接收电路的设计。报警信号通过无线电进行传送和接收。

4）报警执行电路的设计。报警信号可控制报警执行电路，执行电路最终控制执行器件来实现声、光等报警效果。

5）供电电源电路的设计。

3. 设计要求

1）开题、调研，查找并收集资料。

2）总体设计，画出框图。

3）单元电路设计。

4）电气原理设计——绘制原理图。

5）列元器件明细表。

6）电路仿真-打印仿真结果，并进行分析和说明。

7）电路组装及调试（用面包板搭接电路）。

8）测量调整实验：检测煤气泄漏时的报警功能，检测玻璃破碎时的报警功能，检测门窗非正常打开时的报警功能。

9）撰写设计说明书（字数3000左右，要全面反映以上环节和设计内容，并列出参考资料目录，最后总结本次设计的心得和体会）。

10）鼓励创新，要求每个人独立完成。

11）一般要求在两周时间内完成。

4. 设计提示

1）查阅有关资料，进行各单元电路设计。

① 了解传感器的有关知识，设计变送器，使其输出某一电平信号，其框图如图4-3所示。

② 主电路的设计。主电路采用专用集成电路，该电路能对报警信号进行设置和处理。

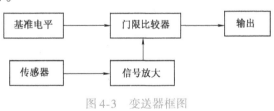

图4-3 变送器框图

③ 信号发送、接收电路的设计。信号通过无线电进行传送和接收，可采用分立元件，也可采用专用的收发模块，其信号发送单元框图如图4-4a所示，信号接收单元框图如图4-4b所示。

④ 报警器常用声音或灯光做报警信号。常用的器件有：蜂鸣器、电磁阀、晶闸管、继电器等。

2）总体方案设计。把各单元电路进行比较，得出总体方案，最后选定性价比高，又容易实现的方案。该设计的参考框图发射部分如图4-5a所示，接收部分如图4-5b所示。

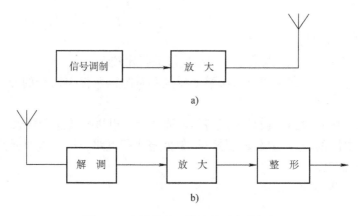

图 4-4 信号发送、接收单元电路框图

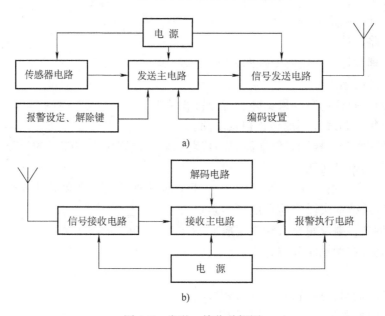

图 4-5 发送、接收总框图

4.5 彩灯控制器设计

1. 题目概述

广告牌或娱乐场所，往往把多组彩灯设计成按一定规律不断循环变化，以获得良好的观赏性。本课题采用简单的数字电路实现 7 组彩灯的多种变化，使电路具有较好的实用性，整个设计理论性强，调试简单，工作稳定。

2. 设计任务

1）用一个 LED 数码管的每一段代表一组彩灯。

2）按数字循环显示四种序列：自然数列　0，1，2，…，9。

奇数数列　1，3，5，7，9。

偶数数列　0，2，4，6，8。

音乐符号数列 0，1，2，…，7，0，1。

3）具有显示、清零功能。

4）数码显示快慢连续调节（即计数时钟方波频率可调，$0.5 \sim 2\mathrm{Hz}$）。

5）发挥部分：

① 用多个 LED 数码管同时实现以上 4 种序列的循环。

② 用 4 个 LED 数码管，交替实现以上 4 种序列的循环。

3. 设计要求

1）开题、调研，查找并收集资料。

2）总体设计，画出框图。

3）单元电路设计。

4）电气原理设计——绘制原理图。

5）列元器件明细表。

6）电路仿真-打印仿真结果，并进行分析和说明。

7）电路组装及调试（用面包板搭接电路）。

8）测量调整实验：多组彩灯变换功能测试。

9）撰写设计说明书（字数 3000 左右，要全面反映以上环节和设计内容，并列出参考资料目录，最后总结本次设计的心得和体会）。

10）鼓励创新，要求每个人独立完成。

11）要求在两周时间内完成。

12）拓展要求：如果用红、黄、蓝、绿四种颜色的 LED 灯带（自带驱动电源）作为控制对象，要求对其进行控制。

4. 设计提示

1）参考原理框图如图 4-6 所示。

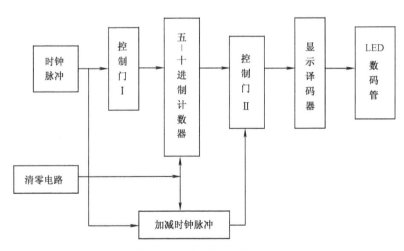

图 4-6　彩灯变换原理框图

2）计数器采用五-十进制计数器。

3）4 种显示数列需考虑计数器 $\overline{CP}_B$ 的输入及 Q_A、Q_D 与译码器 A、D 的输入的关系，具体输入、输出关系见表 4-1。

127

表 4-1　计数器、译码器的输入、输出关系

显示数列	$\overline{CP_B}$ 的输入	A、D 的输入
自然数列	$\overline{CP_B} = Q_A$	$A = Q_A\quad D = Q_D$
奇数列	$\overline{CP_B} = CP$	$A = 1\quad D = Q_D$
偶数列	$\overline{CP_B} = CP$	$A = 0\quad D = Q_D$
音乐符号数列	$\overline{CP_B} = Q_A$	$A = Q_A\quad D = 0$

4）建议控制门采用 D 触发器设计。

4.6 密码电子锁设计

1. 题目概述

多年来人们普遍使用的机械锁结构单一，防盗功能差，钥匙携带不方便且易丢失，造成麻烦。应用现代电子技术组成的密码电子锁可以克服以上缺点。用户只要记住密码，就可以很方便地开、关门，万一密码泄露，还可以在不改变锁的结构的情况下很方便地修改密码。具有很强的防盗功能。

2. 设计任务

设计密码锁电路，要求如下：

1）编码及操作按键为 0～9，在户外。0 键同时作门铃按钮。

2）在内部设置密码开关。

3）设计开锁密码逻辑电路。

4）开锁控制电路。

5）报警电路。3 次输入密码错误进行报警。

6）门铃电路设计。

3. 设计要求

1）开题、调研，查找并收集资料。

2）总体设计，画出框图。

3）单元电路设计。

4）电气原理设计——绘制原理图。

5）参数计算——列元器件明细表。

6）电路仿真-打印仿真结果，并进行分析和说明。

7）电路组装及调试（用面包板搭接电路）。

8）测量调整实验：进行密码设定测试，进行密码修改测试，进行报警功能测试。

9）撰写设计说明书（字数 3000 左右，要全面反映以上环节和设计内容，并列出参考资料目录，最后总结本次设计的心得和体会）。

10）鼓励创新，要求每个人独立完成。

11）要求在一周时间完成，7）、8）两项可以根据时间选做。

4. 设计提示

1）参考框图如图4-7所示。

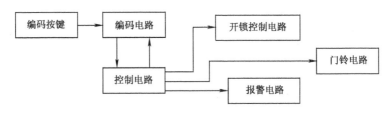

图4-7　密码锁框图

2）该题的主要任务是产生一个开锁信号，而开锁信号的形成条件是：输入代码和已设置的密码相同。实现这种功能的电路有多种。由图4-7可知，每来一个输入时钟，编码电路的相应状态就向前前进一步。在操作过程中，按照规定的密码顺序，按动编码按键，编码电路的输出就跟随这个代码的信息。正确输入编码按键的数字，通过控制电路供给编码电路时钟，一直按规定编码顺序操作完，则驱动开锁电路把锁打开。用十进制计数器/分配器CC4017的顺序脉冲输出功能可以实现密码锁的功能。

3）开锁控制电路的执行元件为电磁铁。该单元电路只需要输出开关量即可。

4）门铃电路采用的电路如图4-8所示，报警可采用类似的电路，自行在网上查找。

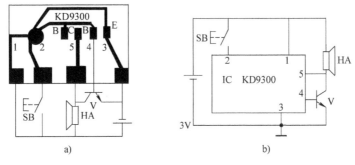

图4-8　报警电路

a）封装接线图　b）应用电路图

5）参考器件：9013、CC4017、555等及其他阻容元件。

4.7　音响放大器设计

1. 题目概述

性能优异的音响放大器是高级音响设备的主体，它包括高保真度宽频带放大器、高低频提升电路、混响电路等。对这些电路的设计要达到的目的是：通过对电子技术课程的学习，进行实际电路的设计，从而完成把书本知识运用到实际的过渡，并进行工程实践的基本训练。

为进行小系统电路设计的综合训练，本题目要求设计一种具有电子混响、音调控制的音响放大器。通过本课题的设计，要求了解小信号放大器、功率放大器、音调放大器等电路和其他外围电路的设计与主要性能的测试方法；了解和掌握对于多功能小型电子线路系统的安装调试基本技能与技巧，特别是整机的调试方法；并掌握电路的计算机仿真的方法。

音响放大器的基本组成如图4-9所示。

2. 设计任务

1）传声器放大器和前置放大器。由于传声器的输出信号一般只有5mV左右，而输出阻抗达到20kΩ（亦有低输出阻抗的传声器如20Ω、200Ω等），所以传声器放大器的作用是不失真地放大音频信号（最高频率达到20kHz），其输入阻抗应远大于传声器的输出阻抗。前置放大器要求失真小，通频带要求宽。

2）电子混响器。电子混响器的作用是用电路模拟声音的多次反射，产生混响效果，使声音听起来具有一定的深度感和空间立体感。该部分电路有专用电路可以选用，不作设计要求。

3）音调控制器。音调控制器的作用是控制、调节音响放大器输出频率的高低，音调控制器只对低音频或高音频的增益进行提升或衰减，中音频增益保持不变。这部分参考电路很多，要求通过仿真进行选取，并进行必要的计算。

4）功率放大器。功率放大器的作用是给音响放大器的负载 R_L（扬声器）提供一定的输出功率。当负载一定时，希望输出的功率尽可能大，输出信号的非线性失真尽可能小，效率尽可能高。

功率放大器的常见电路形式有单电源供电的OTL电路和正负双电源供电的OCL电路。有专用集成电路功率放大器芯片。建议采用由集成运算放大器和晶体管组成的功率放大器，要求进行必要的运算和计算机仿真。

5）设计参数。

① 放大器的失真度 <1%。

② 放大器的功率 ≥1W。

③ 放大器的频响为 50Hz ~ 20kHz。

④ 音调控制特性为自选。

6）电路安装与调试技术。

① 合理布局，分级安装。

② 电路调试。

③ 整机功能试听。

3. 设计要求

1）开题、调研，查找并收集资料。

2）总体设计，画出框图。

3）单元电路设计。

4）电气原理设计——绘制原理图。

5）列元器件明细表。

6）电路仿真-打印仿真结果，并进行分析和说明。

7）电路组装及调试（用面包板搭接电路或者制作印制电路板并组装、调试电路）。

8）测量调整实验。测试各功能块，如传声器放大器、电子混响器、前置放大器、音调控制器、功率放大器功能。整机功能调试，注意各部分功能的衔接，及时修改调整电路。待整机调试完成后，再画出最后的整机电路图。

9）撰写设计说明书（字数 3000 左右，要全面反映以上环节和设计内容，并列出参考资料目录，最后总结本次设计的心得和体会）。

10）应用 Protel 绘制印制电路板图（选作）。

11）鼓励创新，要求每个人独立完成。

12）要求在两周时间内完成。

4. 设计提示

1）参考框图如图 4-9 所示。

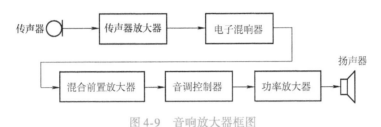

图 4-9　音响放大器框图

2）音调控制器有专用集成电路，如五段音调均衡器 LA3600，外接发光二极管频段显示器后，可以看见各个频段的增益提升与衰减变化。在高中档收录机、汽车音响等设备中广泛采用集成电路音调控制器。也有用运算放大器构成的音频控制器，这种电路调节方便，元器件较少，在一般的收音机、音响放大器中应用较多。运算放大器可选用四运放 LM324。

3）传声器放大、前置放大，可采用集成运算放大器。

4）功率放大可采用集成功率放大器。

4.8　交通信号灯控制设计

1. 题目概述

十字交通路口的红绿灯指挥着行人和各种车辆安全运行。对十字路口的交通灯进行自动控制是城市交通管理的重要课题。

2. 设计任务

1）主干道方向通行，支干道方向禁止通行（主干道方向的绿灯亮，支干道方向的红灯亮），历时 1min。

2）主干道方向停车（主干道方向停车线以外的车辆禁止通行，停车线以内的车辆通过），支干道仍然禁止通行（主干道方向的黄灯亮，支干道方向的红灯亮），历时 10s。

3）主干道方向禁止通行，支干道方向通行（主干道方向的红灯亮，支干道方向的绿灯亮），历时 1min。

4）主干道方向仍然禁止通行，支干道方向停车（主干道方向的红灯亮，支干道方向的黄灯亮），历时 10s。之后又返回至第一步循环。

5）发挥部分。交通灯亮时，同时进行倒计时数字显示。

3. 设计要求

1）开题、调研，查找并收集资料。

2）总体设计，画出工作流程示意图。

3）单元电路设计。

4）电气原理设计——绘制原理图。

5）列元器件明细表。

6）电路仿真–打印仿真结果，并进行分析和说明。

7）电路组装及调试（用面包板搭接电路或者制作印制电路板并组装、调试电路）。

8）测量调整实验：交通控制功能测试。

9）撰写设计说明书（字数3000左右，要全面反映以上环节和设计内容，并列出参考资料目录，最后总结本次设计的心得和体会）。

10）鼓励创新，要求每个人独立完成。

11）要求在两周时间内完成。

4. 设计提示

1）参考框图如图4-10所示。

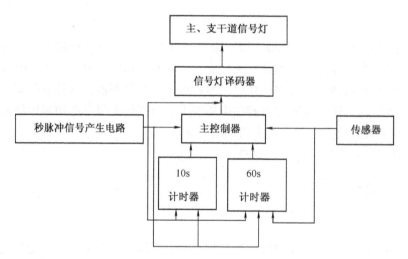

图4-10 交通信号灯控制原理框图

2）主控制器电路设计提示。主干道和支干道各有三种灯（红、绿、黄），在正常工作时，发亮的灯只有4种可能：

① 主绿灯和支红灯亮，主干道通行。

② 主黄灯和支红灯亮，主干道停车。

③ 主红灯和支绿灯亮，支干道通行。

④ 主红灯和支黄灯亮，支干道停车。

可根据这四种可能选择变量画出状态转换图、进行状态分配、列状态转换表，求状态方程、写出驱动方程，最后画逻辑电路图。

3）60s、10s计时电路的设计提示。这两种计时器不仅需要"s"脉冲时钟信号，还应受主控制器的状态和传感器信号的控制。如60s计时器应在主、支干道均有车，主控制器进入"主干道通行"时开始计时，等到60s后主控制器发出信号并产生复位脉冲使该计时器复零。

4.9　智力竞赛抢答器设计

1. 题目概述

在进行智力竞赛时，常常需要反应准确、显示方便的抢答装置。该课程设计题目就是以中规模集成电路为主，设计一种多路抢答器。

2. 设计任务

1）设计一个 8 人智力竞赛抢答电路，用 0、1、2、3、4、5、6、7 表示 8 位选手，各用一个抢答按键，按键的编号与选手的编号相对应。

2）主持人控制一个按键，作用是整个系统的清零以及抢答的开始。

3）抢答器带有数据锁存和显示的功能。抢答开始后，若有选手按动按键，则其编号立即在 LED 数码管上显示出来，并锁存该信号，扬声器给出音响提示。同时，禁止其他选手再抢答。

4）抢答器具有定时抢答的功能，主持人可以根据需要设定该时间。当主持人启动开始按键后，则定时器进入减计时并在数码管上显示剩余时间。

5）参赛选手在设定的时间内进行抢答，则抢答有效，定时器停止工作，显示器上显示抢答时刻的时间，并保持到主持人将系统清零为止。

6）如果在设定时间内没有选手抢答，则本次抢答无效，系统封锁输入电路，禁止选手超时后抢答，定时器上显示 00。

7）发挥部分：

① 当选手的编号在 LED 数码管上显示出来的同时，扬声器给出音响提示。

② 当主持人启动开始按键后，定时器进入减计时并在数码管上显示剩余时间的同时，扬声器发出短暂的声响，声响持续时间 1s。

③ 用 Protel 绘制印制电路板图。

3. 设计要求

1）开题、调研，查找并收集资料。

2）总体设计，画出框图。

3）单元电路设计。

4）电气原理设计——绘制原理图。

5）列元器件明细表。

6）电路仿真-打印仿真结果，并进行分析和说明。

7）电路组装及调试（用面包板搭接电路或者制作印制电路板并组装、调试电路）。

8）测量调整实验：抢答功能测试。

9）撰写设计说明书（字数 3000 左右，要全面反映以上环节和设计内容，并列出参考资料目录，最后总结本次设计的心得和体会）。

10）鼓励创新，要求每个人独立完成。

11）要求在两周时间完成。

4. 设计提示

1）总体原理框图。定时抢答器由主体电路和扩展电路两部分组成，主体电路完成基本的抢答功能，当选手按动抢答键时，显示选手的编号，同时封锁输入电路，禁止其他选手抢答。扩展电路完成定时抢答和发声报警提示的功能。总体框图如图4-11所示。

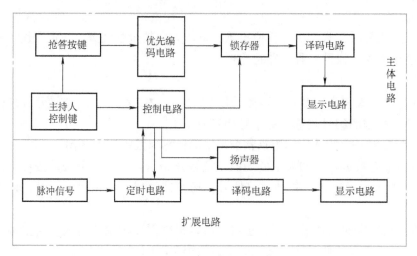

图4-11　智力竞赛抢答器原理框图

2）电路参考方案。可采用8线-3线优先编码器（74LS148），利用其编码的功能及其他扩展功能端，对抢答信号编码、通过锁存器锁存并将号码显示，同时通过门控电路使74LS148禁止继续工作。定时电路可通过集成计数器对脉冲信号进行计数实现。参考电路如图4-12所示。

说明：所需脉冲信号由555定时器可以实现。

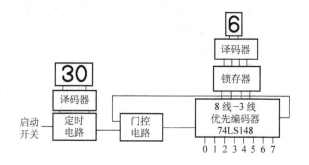

图4-12　智力竞赛抢答器参考电路

3）主要参考元器件。集成电路芯片：74148、74279、7448、74192、NE555、7400、74121；晶体管9013、发光二极管、共阴极数码管、音乐集成电路芯片或扬声器、按键、控制开关、电阻、电容等。

4.10　数字电子钟设计

1. 题目概述

本课题是数字电路中计数、分频、译码、显示及时钟脉冲振荡器等组合逻辑电路与时序逻辑电路的综合应用。通过设计与学习，要求掌握多功能数字电子钟电路的设计方法及数字钟的扩展应用。

2. 设计任务

1）准确计时，以数字形式显示时、分、秒的时间。

2）小时的计时要求为"12进位"，分和秒的计时要求为60进位。

3）校正时间。

4）发挥部分。

① 定时控制。

② 仿广播电台整点报时。

③ 日历系统。

3. 设计要求

1）开题、调研，查找并收集资料。

2）总体设计，画出框图。

3）单元电路设计。

4）电气原理设计——绘制原理图。

5）列元器件明细表。

6）电路仿真-打印仿真结果，并进行分析和说明。

7）电路组装及调试（用面包板搭接电路或者制作印制电路板并组装、调试电路）。

8）测量调整实验：对时、分、秒进行校对测试，对闹钟功能、报时功能进行测试。

9）撰写设计说明书（字数 3000 左右，要全面反映以上环节和设计内容，并列出参考资料目录，最后总结本次设计的心得和体会）。

10）鼓励创新，要求每个人独立完成。

11）要求在两周时间完成。

4. 设计提示

1）参考框图如图 4-13 所示。

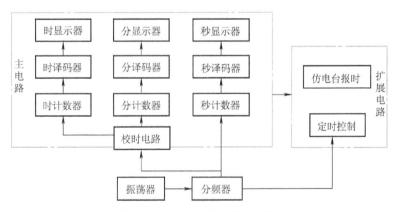

图 4-13　数字电子钟原理框图

2）仿电台报时。其功能要求是每当数字钟计时到整点（或快要到整点时）发出音响，通常按照 4 低音 1 高音的顺序发出间断声响，以最后一声高音结束的时刻为整点时刻。可以设 4 声低音（约 500Hz）分别发生在 59 分 51 秒、53 秒、55 秒及 57 秒，最后一声高音（约 1000Hz）发生在 59 分 59 秒，它们的持续时间为 1 秒。由此可见报时时，分十位和分个位计数器的状态是不变的，为 59 分；秒十位计数器的状态为 $(Q_D Q_C Q_B Q_A)_{DS2} = 0101$，也不变。只有秒个位计数器 Q_{DS1} 的状态可用来控制 1000Hz 和 500Hz 的音频。表 4-2 列出了秒个位计数器的状态，由表可得 Q_{DS1} = "0" 时为 500Hz 输入音响，Q_{DS1} = "1" 时为 1000Hz 输入音响。

135

3）定时控制。有时需要数字钟在规定的时刻发出信号并驱动音响电路进行"闹时"，这就要求时间准确，即信号的开始时刻与持续时间必须满足规定的要求。本设计要求上午 7:59 分发出闹时信号，持续时间为 1 分钟。这就需要将 7:59 对应数字钟的时个位计数器状态、分十位计数器状态、分个位计数器状态。若将上述计数器输出为"1"的所有输出端经过与门电路去控制音响电路就可以使音响电路正好在 7:59 响，持续 1 分钟后（即 8 点时）停响。

表 4-2 秒个位计数器的状态

$CP/$秒	Q_{DS1}	Q_{CS1}	Q_{BS1}	Q_{AS1}	功 能
50	0	0	0	0	
51	0	0	0	1	鸣低音
52	0	0	1	0	停
53	0	0	1	1	鸣低音
54	0	1	0	0	停
55	0	1	0	1	鸣低音
56	0	1	1	0	停
57	0	1	1	1	鸣低音
58	1	0	0	0	停
59	1	0	0	1	鸣高音
60	0	0	0	0	停

4）校时控制。校时电路在刚接通电源或钟表走时出现误差时进行时间校准。校时电路可通过两个功能键进行操作，即工作状态选择键 P_1 和校时键 P_2 配合操作完成计时和校时功能。当按动 P_1 键时，系统可选择计时、校时、校分、校秒等四种工作状态。连续按动 P_1 键时，系统按上述顺序循环选择（通过顺序脉冲发生器实现）。当系统处于后三种状态时（即系统处于校时状态下），再次按下 P_2 键，则系统以 2Hz 的速率分别实现各种校准。各种校准必须互不影响，即在校时状态下，各计时器间的进位信号不允许传送。当 P_2 键释放，校时就停止。按动 P_1 键，使系统返回计时状态时，重新计时。

5）参考器件：74LS90、74LS48、74LS92、555、BS202 及阻容元件等。

4.11 数字测温计设计

1. 题目概述

本电路用于酿酒厂在生产过程中测量酿造罐的温度，其温度变化范围为 $20 \sim 100℃$，要求具有数字显示功能。它包括传感器、精密测量放大系统、A-D 转换、显示电路等 4 部分。由于在非电量测量时，传感器输出的信号相当小，其等效内阻却相当大，为了提高测量精度以及抗共模干扰信号能力，要求电路输入级应选择高输入阻抗、高共模抑制比的精密测量放大器。

2. 设计任务

1）温度测量范围：$20 \sim 100℃$，数字显示位数 4 位。

2）选择适当的传感器。

3）设计放大电路，确定电路的电压放大倍数 A_v。

4）具有调零电路，即在电桥平衡时，输入电压为零，电路的输出电压也应为零。

5）为减少或消除外界干扰，电路应具有低通功能。

6）测量精度 0.1℃。

7）发挥部分：数字体温计设计。

① 测量温度范围：35~45℃。

② 数字显示位数为 3 位。显示精度 ±0.1℃。

③ 响应时间 <5s。

④ 测试完成后，自动发出短促的鸣叫声，进行提示。

3. 设计要求

1）开题、调研，查找并收集资料。

2）总体设计，画出框图。

3）单元电路设计。

4）电气原理设计——绘制原理图。

5）列元器件明细表。

6）电路仿真-打印仿真结果，并进行分析和说明。

7）电路组装及调试（用面包板搭接电路或者制作印制电路板并组装、调试电路）。

8）测量调整实验：对温度计功能进行测试，对（发挥部分的）体温计功能进行测试。

9）撰写设计说明书（字数 3000 左右，要全面反映以上环节和设计内容，并列出参考资料目录，最后总结本次设计的心得和体会）。

10）鼓励创新，要求每个人独立完成。

11）要求在两周时间完成。

4. 设计提示

1）参考框图如图 4-14 所示。

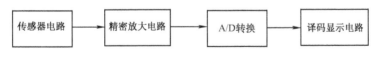

图 4-14　数字温度计原理框图

2）设计思路。温度是一种典型的模拟信号，用数字电路来进行检测就必须将这一非电量先变换成电量（电压或电流），然后将模拟电信号经 A-D 电路变换成数字信号，经译码显示而得到对应的数字。实现温度转换为电量的传感器很多，如热电阻、热电偶、热敏电阻、温敏二极管及温敏晶体管等配合合适的电路即可。比如温敏晶体管在温度发生变化时，be 结的温度系数为 -2mV/℃，利用这一特性可以测出环境温度的变化。但由于在 0℃ 时温敏晶体管的 be 结存在一个电压 U_{BE}，因而需要设计一个调零电路，使温敏晶体管在 0℃ 时的输出为零，即使显示器的读数为零。当环境温度上升到 100℃ 时，温敏管 be 结的压降会增加为 -200mV，这时应使电路的输出显示读数为 100。

3）数字体温计参考框图如图 4-15 所示。

4）温度传感器采用对温度响应快的半导体传感器，具体型号可以查阅有关手册。其参考典型特性曲线如图 4-16 所示，对于所测量的温度范围（35～45℃），可以认为电阻与温度的关系为线性关系。传感器的接线一般采用测量电桥法。

5）放大器可以考虑采用两个集成运算放大器构成的差分放大器。

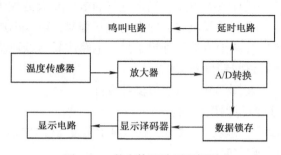

图 4-15 数字体温计原理框图

A－D 转换器采用具有 12 位的转换器，如 AD7896、AD7701 等型号。A－D 转换器的输出信号有两路。一路给延时电路，另一路供给显示电路。延时电路从温度计达到 36℃（对应的 A－D 转换器的 BCD 码为 100100）时开始计时，延时 30s 后，鸣叫电路发出鸣叫，提示测量完成。

6）鸣叫电路采用集成电路的电路构成和接线方法如图 4-17 所示。HA 为蜂鸣片。

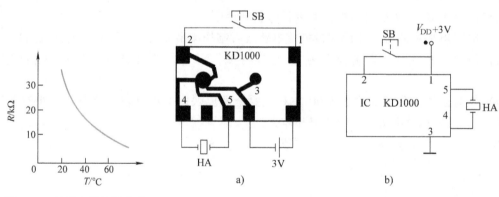

图 4-16 热敏电阻特性曲线

图 4-17 鸣叫集成电路

a）封装接线图 b）应用电路图

4.12 数显液位测量及控制电路设计

1. 题目概述

工业企业生产中经常要用到液位控制，如水箱、水塔、油罐等。本课题要求设计一个具有数字显示功能的液位控制装置，同时具有超限报警、超限控制功能。

2. 设计任务

1）检测电路设计要求液位检测和液位设置实用、方便。

2）超限报警和控制电路要求采用无触点控制。

3）显示电路采用 3 位数码管显示，显示液位以 cm 为单位。

4）最大液位控制范围 0～100cm，超限时最高位显示"1"。

3. 设计要求

1）开题、调研，查找并收集资料。

2）总体设计，画出框图。

3）单元电路设计。

4）电气原理设计——绘制原理图。

5）列元器件明细表。

6）电路仿真-打印仿真结果，并进行分析和说明。

7）电路组装及调试（用面包板搭接电路或者制作印制电路板并组装、调试电路）。

8）测量调整实验：对液位显示功能进行测试；对超限报警功能进行测试；超限控制功能进行测试。

9）撰写设计说明书（字数3000左右，要全面反映以上环节和设计内容，并列出参考资料目录，最后总结本次设计的心得和体会）。

10）鼓励创新，要求每个人独立完成。

11）要求在两周时间内完成。

4. 设计提示

1）液位检测可以采用浮子式，但要配合适当的机构才能实现，也可以采用压力传感器检测。

2）由于检测过程中，液位可能是一直在变化的，数字显示会出现闪烁现象，因此需要数据锁存。

3）无触点控制可采用固态继电器或双向晶闸管输出开关信号即可。

4.13 电子脉搏计设计

1. 题目概述

电子脉搏计是用来测量一个人心脏跳动次数的电子仪器，也是心电图的主要组成部分。本电子脉搏计要求实现在15s内测量1min的脉搏数，并且用数字显示。正常人脉搏数为60~80次/min，婴儿为90~100次/min，老人为100~150次/min。

2. 设计任务

1）放大与整形电路设计。本部分电路的功能是由传感器将脉搏信号转换为电信号，一般为几十毫伏，必须加以放大，以达到整形电路所需的电压，一般为几伏。放大后的信号波形是不规则的脉冲信号，因此必须加以滤波整形，整形电路的输出电压应满足计数器的要求。

2）倍频电路的设计。该电路的作用是对放大整形后的脉搏信号进行4倍频，以便在15s内测出1min内的人体脉搏跳动次数，从而缩短测量时间，以提高诊断效率。

3）基准时间产生电路设计。

4）计数、译码、显示电路设计。该电路的功能是读出脉搏数，以十进制形式用数码管显示出来。

5）控制电路设计。控制电路的作用主要是控制脉搏信号经放大、整形、倍频后进入计数器的时间，另外还应具有为各部分电路清零等功能。

3. 设计要求

1）开题、调研，查找并收集资料。

2）总体设计，画出框图。

3）单元电路设计。

4）电气原理设计——绘制原理图。

5）参数计算——列元器件明细表。

6）电路仿真-打印仿真结果，并进行分析和说明。

7）电路组装及调试（用面包板搭接电路或用印制电路板焊接电路）。

8）测量调整实验：进行人体脉搏测量。

9）撰写设计说明书（字数3000左右，要全面反映以上环节和设计内容，并列出参考资料目录，最后总结本次设计的心得和体会）。

10）鼓励创新，要求每个人独立完成。

11）要求在两周时间内完成。

4. 设计提示

1）参考框图如图4-18所示。

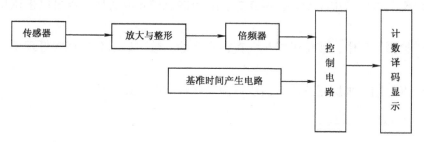

图4-18　电子脉搏计原理框图

2）传感器可采用声音传感器，作用是通过测量人体脉搏跳动的声音，把脉搏跳动转换为电信号。

3）倍频电路的形式很多，如锁相倍频器、异或门倍频器等，由于锁相倍频器电路比较复杂，成本比较高，所以建议采用异或门组成的4倍频电路，如图4-19所示。

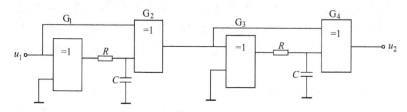

图4-19　4倍频电路

4.14　数字电子秤设计

1. 题目概述

秤是重量的计量器具，不仅是商业部门的基本工具，在各种生产领域和人民日常生活中也得到广泛应用。数字电子秤用数字直接显示被称物体的重量，具有精度高、性能稳定、测量准确及使用方便等优点。

2. 设计任务

1）设计一个数字电子秤，测量范围分成 4 档，0～1.999kg、0～19.99kg、0～199.9kg、0～1999kg。

2）用数字显示被测重量，小数点位置对应不同的量程显示。

3）测重显示误差精度要求为 ±5%。

4）应用 Multisim 进行仿真设计（对电源、传感器及电桥、放大器进行仿真，打印仿真结果，并加以说明）。

5）扩展部分。

① 具有量程自动切换功能或者超量程显示功能。

② 用 Protel 绘制印制电路板图。

③ 制作印制电路板并组装、调试电路。

3. 设计要求

1）开题、调研，查找并收集资料。

2）总体设计，画出框图。

3）单元电路设计。

4）电气原理设计——绘制原理图。

5）参数计算——列元器件明细表。

6）电路仿真-打印仿真结果，并进行分析和说明。

7）电路组装及调试。用面包板搭接电路或用印制电路板焊接电路（组装的电路仅要求0～1.999kg 一档）。

8）称重测量实验：电子秤上未放置物品时，应显示 0；放置 100g、200g、300g、500g、1000g 砝码，显示重量误差应该≤5%。

9）撰写设计说明书（字数 3000 左右，要全面反映以上环节和设计内容，并列出参考资料目录，最后总结本次设计的心得和体会）。

10）鼓励创新，要求每个人独立完成。

11）要求在两周时间内完成。

4. 设计提示

1）设计思路。用电子秤称重的过程是把被测物体的重量通过传感器转换成电压信号。由于这一信号通常都很小，需要进行放大，放大后的模拟信号经 A－D 转换成数字量，再通过译码显示器显示出重量。由于被测物体的重量相差较大，根据不同的测量范围要求，可由电路自动（或手动）切换量程，同时显示器的小数点数位对应不同量程而变化，即可实现电子秤的要求。参考框图如图 4-20 所示。

2）传感器测量电路通常

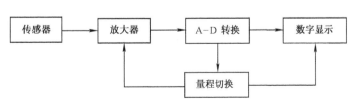

图 4-20　电子秤原理参考框图

使用电桥测量电路，应变电阻作为桥臂电阻接在电桥电路中。无压力时，电桥平衡，输出电压为零；有压力时，电桥的桥臂电阻值发生变化，电桥失去平衡，有相应电压输出。此信号经放大器放大后输出应满足模数转换的要求。

量程切换可以采用手动切换。即可以从传感器处采用分压形式，也可以考虑改变放大器倍数的方法进行量程切换。

3）A－D 转换可以考虑采用 CC7107，也可以采用其他器件。

4）数字显示要研究一下是采用共阳极还是共阴极 LED 数码管，要考虑驱动电路的配合。

5）要注意小数点显示与测量量程相对应。

6）要注意提示框图中没有电源，要把所需要的电源都设计出来。

7）主要参考元器件：电子秤传感器（300Ω 电阻应变片）、CC7107、LM7805、LM7905、LM324、LM339、LED 数码管、电阻及电容等。

8）扩展要求：采用液晶显示。

4.15　数字显示直流电压表设计

1. 题目概述

设计一个直流电压表，并进行校验和检测。

2. 设计任务

1）直流电压表测量量程为：0～5V，0～10V，0～100V，0～500V 共 4 档。

2）要求数字显示 4 位（3 位半）。

3）超量程时最高位显示"1"并有报警提示音。

4）直流电压表测量精度要求为 ±5%。

5）采用 LED 数码管显示。

6）扩展任务 A：采用液晶显示。

7）扩展任务 B：增加直流电流测量功能，量程为：0～5mA，0～10mA，0～100mA，0～500mA 共 4 档。其余要求同上。

3. 设计要求

1）开题、调研，查找并收集资料。

2）总体设计，画出框图。

3）单元电路设计。

4）电气原理设计——绘制原理图。

5）列元器件明细表。

6）电路仿真-打印仿真结果，并进行分析和说明。

7）制作印制电路板并组装、调试电路。

8）测量调整实验。采用 3 位半精度高于 ±5% 的数字电压表或数字万用表进行校验。

9）撰写设计说明书（字数 3000 左右，要全面反映以上环节和设计内容，并列出参考资料目录，最后总结本次设计的心得和体会）。

10）鼓励创新，要求每个人独立完成。

11）要求在两周时间完成。如果只需完成直流电压表的基本要求，则本题目可以与数字电子秤设计题目一起作为扩展要求，增加一周时间完成。

4.16 步进电动机调速控制系统设计

1. 题目概述

步进电动机作为工业生产中常用的执行元件，对其转速及转动方向进行精准控制具有重要的意义。以28BYJ‑48型（28：步进电动机的有效最大外径是28mm；B：步进电动机；Y：永磁式；J：减速型；48：四相八拍；5V直流供电）步进电动机为控制对象，设计一个控制电路，能够对电动机做正转和反转控制，具备高速和低速两档切换，在每一档内可以进行无级调速，外加LED显示电动机运行状态。

2. 设计任务

1）脉冲信号发生电路设计。

2）移位脉冲分配电路设计。

3）驱动电路设计。

4）高速、低速两档切换电路设计。

5）LED显示电路设计。

6）预留测试点。

3. 设计要求

1）开题、调研，查找并收集资料。

2）总体设计，画出框图。

3）单元电路设计。

4）电气原理设计——绘制原理图。

5）列元器件明细表。

6）电路仿真-打印仿真结果，并进行分析和说明。

7）制作印制电路板并组装、调试电路。

8）测量调整实验：用示波器测试脉冲信号产生电路能否正常输出脉冲波形，再分别测试双向移位寄存器74LS194的四个输出端是否有脉冲信号。改变555定时器外围的电阻和电容值，观察步进电动机的转速是否发生变化。设置移位寄存器为左移和右移两种模式，观察步进电动机能否实现正反转。

9）撰写设计说明书（字数3000左右，要全面反映以上环节和设计内容，并列出参考资料目录，最后总结本次设计的心得和体会）。

10）鼓励创新，要求每个人独立完成。

11）要求在两周时间完成。

4. 设计提示

本系统框图如图4-21所示。脉冲信号发生电路可使用555定时器构成的多谐振荡器实现（参考3.8节），脉冲信号分配电路可考虑使用双向移位寄存器74LS194实现（参考3.6节），驱动电路可考虑ULN2003实现。

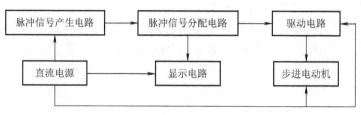

图 4-21 步进电动机调速控制原理框图

4.17 阳光房屋顶自动开关遮阳帘控制电路设计

1. 题目概述

有的楼房顶层为了充分利用空间，建有玻璃顶的"阳光房"，阳光房采光好，尤其在冬季阳光照射可以使房间内温度上升。但是，夏天阳光很强，有时又会经过暴晒，使得屋内升温很快，犹如"蒸笼"，因此需要在温度比较低时打开遮阳帘，温度高时盖上遮阳帘。这里需要进行温度设定，并随设定的温度进行遮阳帘动作控制。本课题是智能建筑的雏形，也可用于花房或种菜塑料大棚温度控制。

2. 设计任务

1）设置 4 个屋内温度检测点，对平均温度进行计算。

2）遮阳帘打开、关闭可以分别设定对应的温度。

3）通过数据锁存，避免因温度短暂波动引起遮阳帘频繁动作。

4）采用 24V 直流电动机驱动遮阳帘，继电器组控制正反转，有限位开关控制起动停止。

5）可以自动控制，也可以手动控制。

3. 设计要求

1）开题、调研，查找并收集资料。

2）总体设计，画出框图。

3）单元电路设计。

4）电气原理设计——绘制原理图。

5）列元器件明细表。

6）电路仿真-打印仿真结果，并进行分析和说明。

7）电路组装及调试（用面包板搭接电路）。

8）测量调整实验：①手动控制实验，通过按钮实现遮阳帘的开启和闭合。②自动控制设定，当室内温度高于 25℃时，自动闭合遮阳帘；当室内温度低于 20℃时自动打开遮阳帘。（通过控制直流电动机正反转实现。）

9）撰写设计说明书（字数 3000 左右，要全面反映以上环节和设计内容，并列出参考资料目录，最后总结本次设计的心得和体会）。

10）鼓励创新，要求每个人独立完成。

11）要求在两周时间内完成。

4. 设计提示

1）自动遮阳帘控制如图 4-22 所示。

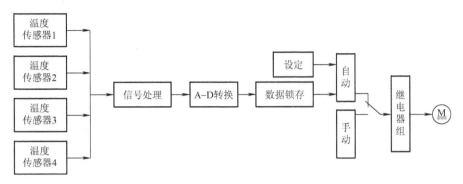

图 4-22 自动遮阳帘控制原理框图

2）本课题可以用单片机实现，由于现在学习的知识进度只能是使用电子元器件实现，详情可参考网上相关资料。

4.18 数字显示输出电压可调的直流稳压电源设计

1. 题目概述

直流稳压电源应用十分广泛，在很多场合需要输出电压连续可调，并同时需要用数码管显示输出电压值。本课题是一个模拟电路和数字电路结合的综合题目。

2. 设计任务

设计并制作一个输出电压可调的直流稳压电源，并用数码管显示输出电压值。要求如下：

1）输出电压可用电位器在 0～15V 范围内连续可调，最大输出电流 200mA。

2）用三个 LED 数码管作为输出电压的数字显示元件，显示两位整数，一位小数。

3）输出电压显示误差要求≤5%。

4）在调压电位器动端固定在某位置时，当发生下列情况之一时，输出电压变化量的绝对值不超过 0.1V：

① 电网电压为 220 (1±10%) V。

② 输出电流在 0～100mA 范围内变化。

③ 环境温度在 15～35℃ 范围内变化。

5）输出电压的纹波成分峰－峰值（U_{p-p}）不超过 20mV。

6）发挥部分。

① 设计过电流保护功能，过电流保护的电流临界值在 200～300mA 范围内。

② 用 Protel 绘制印制电路板图。

③ 制作印制电路板并组装、调试电路。

3. 设计要求

1）开题、调研，查找并收集资料。

2）总体设计，画出框图。

3）单元电路设计。

4）电气原理设计——绘制原理图。

5）参数计算——列元器件明细表。

6）电路仿真-打印仿真结果，并进行分析和说明。

7）制作印制电路板。焊接电路，并组装调试电路。

8）测量调整实验：用数字万用表直流电压档测量输出电压可调稳压电源的输出电压，LED 数码管显示电压值应与万用表读数一致，误差≤5%。如果误差过大，应调整取样电压。调整电源电压，使之在 220(1±10%)V 时，输出电压显示也在误差范围内。

9）撰写设计说明书（字数 3000 左右，要全面反映以上环节和设计内容，并列出参考资料目录，最后总结本次设计的心得和体会）。

10）鼓励创新，要求每个人独立完成。

11）要求在两周时间内完成。

4. 设计提示

1）本电路由 3 部分组成：输出电压可调直流稳压电源、输出电压显示电路和为它供电的直流电源。总体框图如图 4-23 所示。

2）主要参考元器件：CC7107、共阳极 LED 数码管、三端稳压器 LM317 等。

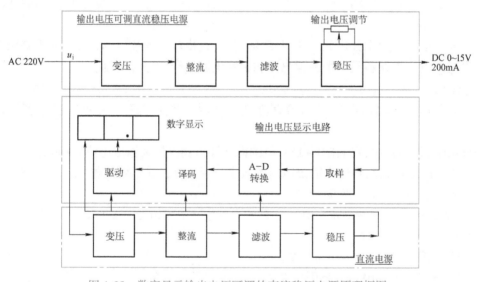

图 4-23 数字显示输出电压可调的直流稳压电源原理框图

4.19 多路无线遥控电路设计

1. 题目概述

遥控电路在日常生活中应用非常普遍，如红外遥控、声控、无线电遥控等，其中无线电遥控由于不用连线、遥控距离远、抗干扰、使用方便等特点越来越得到广泛的应用。

当多路同一频率相互作用时，它们会互相干扰，所以这是本课题设计所要考虑的第一个问题。另外，为了使用方便，如何实现用一个发射器控制多路被控对象，这是需考虑到的第二个问题。

2. 设计任务

1）无线电遥控发射电路。该电路主要由三部分组成，即编码电路、调制电路、功放电路。

2）无线电遥控接收电路。该电路主要由四部分组成，即信号放大电路、解调电路、解码电路、执行电路。

3）电源电路设计。

4）遥控对象为4个，用 LED 分别代替。

5）发射功率不大于20mW，接收机距离发射机不小于10m。

3. 设计要求

1）开题、调研，查找并收集资料。

2）总体设计，画出框图。

3）单元电路设计。

4）电气原理设计——绘制原理图。

5）列元器件明细表。

6）电路仿真-打印仿真结果，并进行分析和说明。

7）制作印制电路板并组装、调试电路。

8）测量调整实验：测试4个控制键分别对应4个控制对象的控制功能。

9）撰写设计说明书（字数3000左右，要全面反映以上环节和设计内容，并列出参考资料目录，最后总结本次设计的心得和体会）。

10）鼓励创新，要求每个人独立完成。

11）要求在两周时间内完成。

4. 设计提示

1）本设计可以应用集成发射和接收芯片进行设计，如 RF69 等。

2）设计方案。根据设计任务和要求，首先进行单元电路的设计和选取，然后选取能够符合各项功能要求，而且性价比高，又容易实现的方案。本课题的总体设计参考框图如图4-24所示。

① 多路无线发射部分，如图4-24a所示。

② 多路无线接收部分，如图4-24b所示。

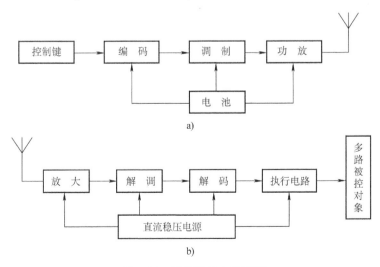

图 4-24 无线遥控电路框图

4.20 红外感应节水开关控制电路设计

1. 题目概述

设计一个红外感应节水开关电路，在人们需要用水，而且站在适当的位置时，通过感应装置打开自来水，并在延时一段时间后自动关断，以达到节水的目的。这种电路非常适合用于公共卫生场合，如洗手间等。

2. 设计任务

1）红外线发射电路设计。

2）红外线接收电路设计。

3）延时电路设计。

4）自来水开关电路和电源电路设计。

3. 设计要求

1）开题、调研，查找并收集资料。

2）总体设计，画出框图。

3）单元电路设计。

4）电气原理设计——绘制原理图。

5）列元器件明细表。

6）电路仿真–打印仿真结果，并进行分析和说明。

7）制作印制电路板并组装、调试电路。

8）测量调整实验：测试能否实现感应开关出水，延时几秒之后自动断水的控制功能。

9）撰写设计说明书（字数3000左右，要全面反映以上环节和设计内容，并列出参考资料目录，最后总结本次设计的心得和体会）。

10）鼓励创新，要求每个人独立完成。

11）要求在两周时间内完成。

4. 设计提示

本系统框图如图4-25所示。其功能：利用红外线发光管发射红外脉冲，实现电路对人体或物体的探测。当人体感应并遮断红外信号，接收电路将其转换成电信号，启动单稳态电路控制自来水电磁阀打开，并延时断开，实现对自来水开关打开时间的控制。

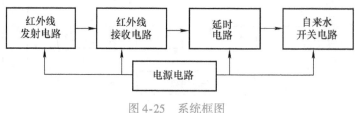

图4-25 系统框图

4.21　风力发电机风向测定及扇叶转向自动控制电路设计

1. 题目概述

风力发电机是通过风能吹动扇叶带动发电机发电的，从而实现风能和电能的转换，扇叶需要正对着来风的方向才能有最大的转矩，发电机才能有最多电能输出。由于风向随季节或大气流而变化，因此需要检测风向并使扇叶随之转向来风方向。

风力吹动扇叶旋转，通过增速器输出高转速，切割磁力线产生电能。在发电机外壳后部有风向标检测风向，发出信号控制扇叶转向迎风方向。另外还有风速监测，防止风速过高时扇叶转速过快发生故障。

2. 设计任务

1）风向标把检测到的风向信号转换成对应角度的模拟电压信号并放大。

2）信号处理器把电压信号转换为对应的数字信号。

3）通过数字信号产生并输出步进电动机的驱动信号，驱动步进电动机使扇叶转向来风方向。

4）风速传感器产生随风转动的脉冲信号，当风速超过25m/s时控制扇叶停转，以防事故的发生。

3. 设计要求

1）开题、调研，查找并收集资料。

2）总体设计，画出框图。

3）单元电路设计。

4）电气原理设计——绘制原理图。

5）列元器件明细表。

6）电路仿真-打印仿真结果，并进行分析和说明。

7）电路组装及调试（用面包板搭接电路）。

8）测量调整实验：①设定风向偏向10°角、30°角，测量步进电动机偏转角度。②设定风速为15m/s或大于25m/s，分别能够使扇叶正常运转或停转。

9）撰写设计说明书（字数3000左右，要全面反映以上环节和设计内容，并列出参考资料目录，最后总结本次设计的心得和体会）。

10）鼓励创新，要求每个人独立完成。

11）要求在一周时间内完成。

4. 设计提示

1）风速风向传感器NHFSX48参数可查看网络资源。风速风向传感器如图4-26所示。

2）风力发电机原理视频可在网上查找。

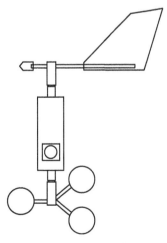

图4-26　风速风向传感器

4.22 可充电式触摸开关 LED 台灯控制电路设计

1. 题目概述

LED 台灯具有使用方便，节省电能等一系列优点，已经广泛应用在家庭和办公场所。这里要求设计一个采用触摸开关，触摸调节亮度，可充电的台灯。

2. 设计任务

1）台灯功率 12W，使用 24 个灯珠分成两排。

2）充电电源采用手机 5V 充电器，内置充电电池 600mA·h。采用安卓手机充电口充电。

3）LED 灯采用恒流电源供电，频闪要小。

4）台灯亮度要求至少有三档可调，即触摸一下开关键增亮一级，到最亮时再次触摸关断。

3. 设计要求

1）开题、调研，查找并收集资料。

2）总体设计，画出框图。

3）单元电路设计。

4）电气原理设计——绘制原理图。

5）列元器件明细表。

6）电路仿真-打印仿真结果，并进行分析和说明。

7）电路组装及调试（用面包板搭接电路）。

8）测量调整实验：电路连接好以后，接上灯珠，连接电源。触摸开关，灯珠亮起；再次触摸开关，灯珠亮度增强；再次触摸开关，灯珠最亮。之后再次触摸开关全部灯珠熄灭。

9）撰写设计说明书（字数 3000 左右，要全面反映以上环节和设计内容，并列出参考资料目录，最后总结本次设计的心得和体会）。

10）鼓励创新，要求每个人独立完成。

11）要求在一周时间内完成。

4. 设计提示

参考框图如图 4-27 所示。

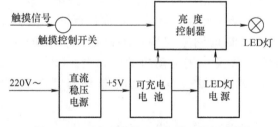

图 4-27 可充电触摸式台灯控制原理框图

4.23 声光控楼道灯开关控制电路设计

1. 题目概述

楼道灯如果采用普通开关控制，可能会形成长明灯，造成电能浪费。因此采用声光控制是最佳方案。天亮时，无论多大声音灯都不会亮，黑暗环境下，当声音接近 40dB 时才会亮灯。

2. 设计任务

1）控制电灯功率为 12W，LED 灯，供电电压 220V。

2）天黑时，且有声音时点亮 LED 灯，30s 后自动熄灭。

3）要求控制灵敏。天黑在距离开关 5m 远处，接近 40dB 声音即可亮灯。

4）电路设计尽可能简洁，降低成本。

3. 设计要求

1）开题、调研，查找并收集资料。

2）总体设计，画出框图。

3）单元电路设计。

4）电气原理设计——绘制原理图。

5）列元器件明细表。

6）电路仿真–打印仿真结果，并进行分析和说明。

7）电路组装及调试（用面包板搭接电路）。

8）测量调整实验：接上 LED 灯，给电路通电，在黑暗条件下距离开关 2~4m 处拍手，LED 灯立即点亮，经过 30s 自动熄灭。在白天光亮情况下，距离开关 2~4m 处拍手，LED 灯不能点亮。

9）撰写设计说明书（字数 3000 左右，要全面反映以上环节和设计内容，并列出参考资料目录，最后总结本次设计的心得和体会）。

10）鼓励创新，要求每个人独立完成。

11）要求在一周时间内完成。

4. 设计提示

1）参考框图如图 4-28 所示。可考虑使用光敏电阻或光电管配合门电路实现"无光亮条件"。

2）声音信号可以使用压电器件采集。

3）如果使用白炽灯设计一个控制电路，并分析两者有什么不同？

图 4-28　声光控楼道灯原理框图

4.24　智能马桶盖控制电路设计

1. 题目概述

智能马桶盖控制电路可分为水路和电路控制、机构及加热器部件控制等多个部分。这里只设计座圈加热和臀部冲洗功能的控制电路。马桶盖组件主要由盖板、加热器、温度传感器、人体感应器和座圈组成。其主要作用是对座圈进行加热。座圈温度一般控制在 38℃ 左右。人体感应器则用于保证在没有感应到人坐上之前，冲洗开关不会启动，不必担心错按开关造成的故障。当按臀洗功能键时，系统按设定的温度对水进行加温，而后驱动冲洗组件电动机使喷管伸出，开启电磁阀放出热水，供冲洗 15~20s 后自动断电，停止冲洗。

2. 设计任务

1）通电后座圈有自动加热功能，温度恒定在 38℃。

2）只有在使用者坐在座圈上面时，通过人体感应器感应后才能有冲洗功能。

3）冲水功能通过马桶侧的按钮控制，同时启动水的加热，水温控制在 36 ~ 40℃。

3. 设计要求

1）开题、调研，查找并收集资料。

2）总体设计，画出框图。

3）单元电路设计。

4）电气原理设计——绘制原理图。

5）列元器件明细表。

6）电路仿真-打印仿真结果，并进行分析和说明。

7）电路组装及调试（用面包板搭接电路）。

8）测量调整实验：电路连接无误后，把人体感应器上面盖一片塑料薄膜，然后把一块铜皮连接上导线放在感应器的薄膜上面，导线接地模拟人体感应。按下冲洗按钮，电磁阀应该吸合，模拟冲水，并观察冲水时间是否达到 15 ~ 20s，如果冲水时间未在规定范围需进行调整。

9）撰写设计说明书（字数 3000 左右，要全面反映以上环节和设计内容，并列出参考资料目录，最后总结本次设计的心得和体会）。

10）鼓励创新，要求每个人独立完成。

11）要求在一周时间内完成。

4. 设计提示

1）参考框图如图 4-29 所示。

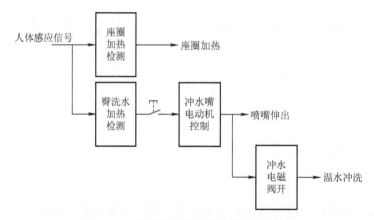

图 4-29 智能马桶盖控制电路原理框图

2）座圈主要由陶瓷加热管、温度传感器、水位开关、温控开关等组成。

主要功能：对冷水进行加热，使之达到设置温度，并对水温进行控制。要求出水 5s 后，水温达到 38℃，持续 1min 测试温度波动在 ±2℃ 之内。

其中，陶瓷加热管用于对水加热，其最大功率控制在 40W；温度传感器检测水温；水位开关用于防止加热管干烧；温控开关的作用是，当温度超过 40℃ 时断开加热管的供电，防止水温过高造成的伤害。

3）陶瓷加热管、水位开关、温控开关等器件原理和参数可以从互联网上查找。

4.25　驾驶员酒精浓度测量仪电路设计

1. 题目概述

随着人民生活水平的提高，私家车迅猛增加。这样就增加了很多驾驶员，而驾驶员如果安全意识薄弱，饮酒驾车或醉酒驾车就易引发严重的交通事故，给人民生命和财产造成很大损失。为此国家规定严禁酒后驾车。

酒后驾车的标准是指车辆驾驶员每百毫升血液中酒精含量大于等于 20mg 就算饮酒驾车，大于等于 80mg 即为醉酒驾车。

交警在查酒驾时不可能让每个人都抽检血液，最简便的办法是测量驾驶员呼出的气体中的酒精浓度。这里运用已经学过的电子技术知识，设计一款方便检测酒精浓度的仪器。当检测出驾驶员饮酒后，再到医院进行抽血精确检测酒精浓度。

一般血液中酒精浓度（BAC）与呼吸酒精浓度（BrAC）的比值采用 2200，两种单位之间的换算关系为 BAC = BrAC × 2200。也就是：饮酒驾驶员血液酒精浓度 ≥20mg/100mL，换算成呼吸酒精浓度 ≥0.0909mg/L；醉酒驾驶员血液酒精浓度 ≥80mg/100mL 换算成呼吸酒精浓度 ≥0.3636mg/L。

2. 设计任务

1）采用气体传感器测出驾驶员呼出的酒精浓度。

2）可以设定两个门限，一个是当驾驶员呼出的酒精浓度 ≥0.0909mg/L 时有报警提示音，当 ≥0.3636mg/L 时还有指示灯闪烁报警。

3）电路采用 4 节 7 号充电电池。

3. 设计要求

1）开题、调研，查找并收集资料。

2）总体设计，画出框图。

3）单元电路设计。

4）电气原理设计——绘制原理图。

5）列元器件明细表。

6）电路仿真-打印仿真结果，并进行分析和说明。

7）电路组装及调试（用面包板搭接电路）。

8）测量调整实验：电路连接无误后，用棉签蘸 20% 浓度酒精放进测量孔并吹气，如果有报警提示音发出，则说明模拟饮酒驾车检测成功；用 80% 浓度酒精放进测量孔并吹气，如果指示灯闪烁，说明醉酒驾车检测成功（不能进行精准标定，只是模拟）。

9）撰写设计说明书（字数 3000 左右，要全面反映以上环节和设计内容，并列出参考资料目录，最后总结本次设计的心得和体会）。

10）鼓励创新，要求每个人独立完成。

11）要求在一周时间内完成。

4. 设计提示

1）参考框图如图 4-30 所示。

2）建议选用 MQ3 酒精传感器，可以通过网络资源查询参数。

3）信号处理器，如果学过单片机，可以简单编程进行控制；如果没有学过单片机，可以采用电子电路进行信号处理。

4）报警提示音和灯光闪烁报警可以采用现成的模块电路芯片。

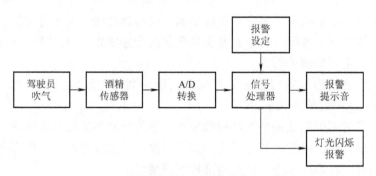

图 4-30　驾驶员酒精浓度测量仪原理框图

第5部分

电子电路仿真软件的基本使用

EDA 是电子设计自动化（Electronic Design Automation）的缩写，它是在20世纪90年代初从计算机辅助设计（CAD）、计算机辅助制造（CAM）、计算机辅助测试（CAT）和计算机辅助工程（CAE）发展而来的。电子设计师通过 EDA 技术，从概念、算法、协议等开始设计电子系统，实现从电路设计、性能分析、IC 版图或 PCB 版图的计算机全覆盖。EDA 技术已经应用于电子、通信、航空航天、机械、化工、生物、医学、军事等各个领域，在各大公司和科研教学部门得到广泛使用。这里仅仅对 Multisim、Quartus、Altium Designer、立创EDA 等几个常用软件的基本操作和使用进行介绍。

5.1 Multisim 的基本操作与使用

1. Multisim 简介

美国国家仪器公司（National Instruments，NI）的电路设计套件结合了 Multisim 和 Ultiboard 软件，为电路设计、仿真、验证和布局提供了一套完整的工具，本节只针对 Multisim 软件进行介绍。Multisim 软件从最初的 Multisim 2001 逐渐升级到当前的 Multisim 14，软件功能越发强大，主要有：

（1）完备的器件库　包括各种电源、阻容元件、二极管、晶体管、模拟芯片、数字芯片、模数混合芯片、微处理器等各类元器件。此外，还提供了虚拟元器件，便于设计和分析。

（2）齐全的仪器仪表　包括万用表、信号发生器、示波器、波特图仪、逻辑分析仪、失真分析仪、网络分析仪等，用于提供信号及各种电路参数的测量。

（3）强大的电路分析模块　包括直流分析、交流分析和暂态分析等。

接下来将通过 Multisim 14 介绍软件的基本操作和应用。NI 提供了该软件从增强专业版到学生版的多种版本，版本之间的功能和价格有较大差别，其中教学版可登录 https://www.ni.com/zh-cn/support/downloads/software-products/download.multisim.html#312060 查看。

2. Multisim 14 的基本界面

（1）Multisim 14 的启动　通过开始菜单或桌面的快捷方式，都可以启动 Multisim 14 系统，如图 5-1 所示。

（2）Multisim 14 的主窗口　启动完毕，出现 Multisim 14 的初始界面，如图 5-2 所示。

图 5-1　Multisim 14 的启动界面

图 5-2　Multisim 14 的初始界面

1）标题栏：显示当前的设计文件，并利用右端的最小化按钮，最大化按钮和关闭按钮对整个设计界面进行相应的操作。

2）菜单栏：通过选择菜单栏上的选项完成电路设计、仿真和分析的所有功能。

3）工具栏：通过单击工具栏上的图标，完成相应功能。

4）元器件栏：通过此栏选择电路所需的各类元器件。

5）电路工作区：用户设计的电路放在该区域。

6）仪器仪表栏：提供各种虚拟仪器仪表。

7）文件导航区：显示已经打开的所有电路文件。

8）状态栏：显示元器件的某些属性及电路的状态。

（3）Multisim 14 的菜单栏　Multisim 14 有 12 个主菜单，如图 5-3 所示，菜单中提供了该软件几乎所有的功能命令。

图 5-3　Multisim 14 的主菜单

Multisim 14 的许多菜单选项和其他视窗软件一样，例如文件菜单中的新建、打开、保存，编辑菜单中的剪切、复制、粘贴等，使用方法也完全相同，此处不再赘述。软件特有的菜单包括放置、微处理器、仿真、输出、报告，限于篇幅，只简要介绍基本使用方法，如需深入学习，可查阅相关书籍或网站。

3. Multisim 14 的基本操作

利用 Multisim 14 进行电路设计和仿真时，通常需要经过以下三个步骤：①选择并放置电路所需的元器件和相关虚拟仪器仪表；②按照电路图连接各元器件，标注节点和说明信息；③设定输入信号，通过虚拟仪器仪表测量电路的参数和状态，完成电路仿真分析。下面以一个具体的例子介绍 Multisim 14 的基本操作。

反相比例运算电路如图 5-4 所示，包含 1 个 LM324AM 集成运放、1 个可变电阻（电位器）、2 个普通电阻、1 个正弦交流信号源、2 个直流电源、5 个模拟地信号、1 个示波器。

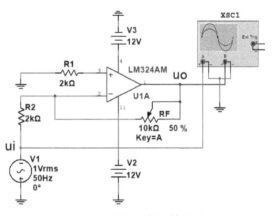

图 5-4　反相比例运算电路

（1）元器件的选择、参数更改与位置摆放　在工作区的空白处单击右键，在弹出的快捷菜单中选择 Place Component...，或者按组合键"Ctrl + W"，或者单击菜单栏的 Place→Component，或者从元器件栏均可选择所需的元器件。通过以上操作，将出现图 5-5 所示的"Select a Component"对话框。

1）Database 下拉框。数据库分为 Master Database、Corporate Database 和 User Database 三大类，Master Database 是主数据库，包含了绝大多数厂家生产的元器件，通常可以满足电路设计所需；Corporate Database 为特定厂家数据库；User Database 为用户数据库。Database 下拉框决定着元器件从哪一个数据库中进行选择。

2）Group 下拉框。主数据库里包含有上万个元器件，为了便于管理和使用，Multisim 软件对元器件采取了分级归类的模式。图 5-6 展示了 Master Database 中的 18 个 Group（组），这些 Group 与图 5-7 元器件栏中的分类是一致的。

3）Family 选择框。Group 的下一级是 Family（系列），是对每个组做进一步的分类细化，用户可通过选择其中的某个系列来缩小查找范围。以 Basic 组为例，它包含 SWITCH（开关）、TRANSFORMER（变压器）、RESISTOR（电阻）、CAPACITOR（电容）、INDUC-TOR（电感）等 18 个系列。

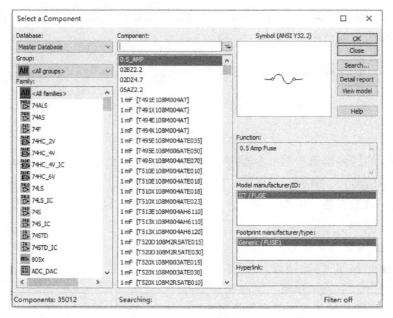

图 5-5　选择元器件界面

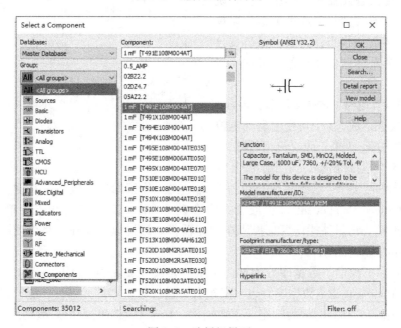

图 5-6　选择组界面

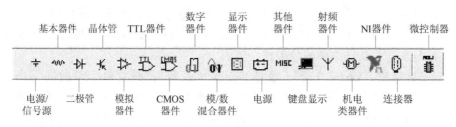

图 5-7　元器件栏

4）Component 选择框。Family 的下一级就是具体的 Component（元器件）。图 5-8 表示选择 Basic 组 RESISTOR 系列下的 2k 电阻元件。从图 5-8 可以看出，元件的参数值是按照升序的方式排列的，罗列出来的电阻值与标准电阻值相对应。

Multisim 软件还提供了一种非常方便的模糊查找元器件的方法，例如，如果需要调用图 5-4 中的 LM324AM，但只记得名称中有 324，其他记不太清楚，具体在哪个 Group 或哪个 Family 也不清楚，那么，可以选择 All groups 和 All families，然后在 Component 文本中输入 *324，则所有名称中含有 324 的元器件就会显示出来，如图 5-9 所示。

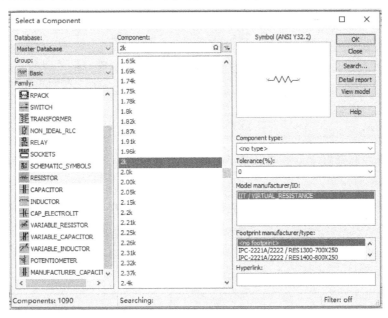

图 5-8　选择 2k 电阻的对话框

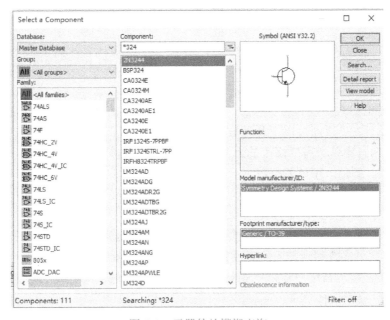

图 5-9　元器件的模糊查询

5）Symbol 栏、Function 栏、Model manufacturer/ID 栏、Footprint manufacturer/type 栏和 Hyperlink 栏。这些栏都是针对已完成选择的元器件，分别表述该元器件在电路中的符号、功能、模型、封装和可参考资料的链接等信息。

6）功能栏。图 5-6 的右上端有 6 个按钮的功能栏。其中：OK 按钮表示选择；Close 按钮表示不选择；Search... 按钮的作用是当不知道元器件分类等信息时提供查找；Detail report 按钮是提供元器件的详细报告；View model 按钮是显示模型数据；Help 按钮是提供帮助。

对照电路图 5-4，除了 XSC1 需要从仪器仪表栏 Oscilloscope 中选取，其他元器件的出处见表 5-1。

表 5-1　图 5-4 电路所需元器件的出处

标号	Group	Family	Component	标号	Group	Family	Component
R1，R2	Basic	RESISTOR	2k	V1	Sources	POWER_SOURCES	AC_POWER
RF	Basic	POTENTIOMETER	10k	V2，V3	Sources	POWER_SOURCES	DC_POWER
U1A	Analog	OPAMP	LM324AM	GND	Sources	POWER_SOURCES	GROUND

将所需元器件选择好之后，可按图 5-4 的位置摆放对应的元器件，得到图 5-10 所示的界面。

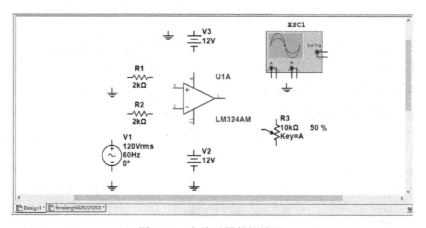

图 5-10　电路元器件摆放图

（2）元器件的参数更改与位置摆放　图 5-10 中元器件的参数、显示角度等都是软件默认的，一般情况下，可以通过以下几种方式进行修改。

1）通过鼠标右键单击需要修改的元器件，弹出快捷菜单，如图 5-11 所示，可对元器件进行旋转、替换、颜色、字体等修改。

2）通过鼠标左键双击需要修改的元器件，弹出快捷菜单，可对元器件进行标号、显示、数值等修改，如将 R3 更改为 RF，如图 5-12 所示。

3）对着元器件的参数单击鼠标左键并按住，可拖动该参数到合适的位置，通过这种方式将 LM324AM 这个参数移到相应位置的过程如图 5-13 所示。

（3）电路图连接　当用户将鼠标指针放置在元器件的电气节点时，鼠标指针将变成十字状，且中间有一黑圆点，此时，单击并按住鼠标左键再移动鼠标，会出现一根黑线，当鼠标移动到另一个元器件的电气节点时，鼠标下边会出现一个红点，此时，再次单击鼠标左键

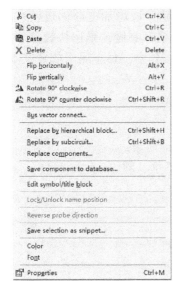

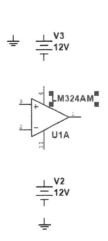

图 5-11 右键单击方式　　　图 5-12 左键双击方式　　　图 5-13 左键单击拖动方式

就完成了一条导线的连接，同时，该导线上会出现节点编号。图 5-14 完整地描述了元器件电源地和 R1 的连接过程。

　　需要特别指出的是，已存在的电气节点如再增加其他连线，则节点编号会随着新的连线而改变位置，这种改变不会影响电路。但如果首次选择的两电气节点间的线路不合适时，随着新连线的加入，将导致节点编号发生改变。同样，这种情况也对电路没有影响。

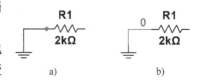

图 5-14 电源地和 R1 的连接过程
a) 连线中　b) 连线结束

　　当对电路进行仿真分析时，为了增强所观察数据的直观性和对比度，可以用不同的颜色将若干个被测量区别开来。仍以图 5-4 为例，若将示波器 A 通道连接的线设为红色，将 B 通道连接的线设为蓝色，可通过鼠标右键单击连接线，在出现的快捷菜单中选择 Segment color，接着在颜色选择对话框中选择需要的颜色，再单击 "OK" 按钮即可，如图 5-15 所示。

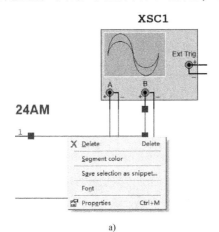

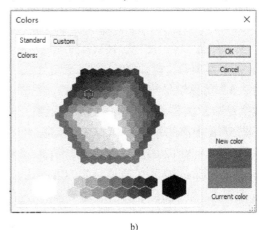

a)　　　　　　　　　　　　　　　　　b)

图 5-15 连接线的颜色更改

a) 右键单击连接线　b) 颜色选择对话框

（4）电路图标注 电路图标注的目的是为了更好地理解电路，以增加电路的可读性，图 5-4 中的输入信号 ui 和输出信号 uo 即为标注。在工作区单击鼠标右键，弹出快捷菜单，选择 Place graphic 中的子菜单项即可添加标注，如图 5-16 所示。其中，Text 用于放置文本信息；Rectangle 用于放置矩形框；Picture 用于放置 Logo 图片等。

根据上述介绍，请自行完成图 5-4 所示反相比例运算放大电路。

4. 电路的仿真分析

电路图绘制完成后，通过仿真分析判断电路功能是否满足设计要求。

（1）设定输入信号 双击 V1 图标，出现如图 5-17 所示对话框，将 Frequency（F）文本框中的频率更改为 1000Hz。

图 5-16　放置标注的上下文菜单　　　图 5-17　设置输入信号对话框

（2）仿真分析 单击 Simulate 菜单中的 Run 选项，或者单击工作区上部的绿色三角形，都可以启动仿真。图 5-18 为示波器显示的输入输出信号，分析可知，当 A 通道信号为最小值 −1.401V 时，B 通道信号为最大值 3.510V，说明电压放大倍数为 2.5，且输入输出信号反相，再对照图 5-4，RF 为 10kΩ 的 50% 即 5kΩ，R2 为 2kΩ，电压放大倍数理论计算值为 2.5，仿真结果与理论计算一致。

虚拟双踪示波器最多能同时显示两路信号。图 5-18 中部的垂直线信标 1 和信标 2 由左下部的 T1 和 T2 的左右键控制，信标所处的时间及 Channel A（通道 A）、Channel B（通道 B）的电压等信息通过屏幕下方显示。Timebase（时基）、Channel A、Channel B 及 Trigger（触发）的设置与实际的双踪示波器一致。

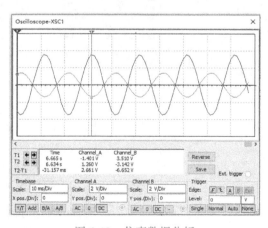

图 5-18　仿真数据分析

5. 实验项目

实验1　电路的串联谐振研究

（1）实验目的　学习电路图的绘制、电路参数的设置、电路的检测，完成电路的仿真。

（2）实验设备与仪器　Win7及以上操作系统的计算机、Multisim 14软件。

（3）实验原理　给出RLC串联电路参数，通过仿真实验，找出谐振频率，测出电路的品质因数。

（4）实验内容　已知：$R = 166.67\Omega$，$L = 0.105H$，$C = 0.24\mu F$。①绘制电路图并赋值。②利用虚拟函数发生器输出5mV正弦信号，并在一定范围内进行频率调节。③用虚拟示波器监测电容电压或电感电压。当输入的信号为某频率时电压为最大值，且电感电压等于电容电压时电路发生谐振。④把谐振时频率和计算值相对照，计算电路的品质因数。

实验2　测量放大器仿真实验

（1）实验目的　学习电路图的绘制、电路参数的设置、电路的检测，完成电路的仿真。

（2）实验设备与仪器　Win7及以上操作系统的计算机、Multisim 14软件。

（3）实验原理　给出测量放大器电路，通过仿真实验，研究并测量共模、差模放大倍数，以及电路的放大倍数的调节方法。

（4）实验内容　按照图2-13绘制电路图，根据实验2.8所给定的参数给电路赋值，测量共模放大倍数和差模放大倍数，将R_2阻值减少一半，再次测量差模放大倍数，研究差模放大倍数和R_2的关系。

实验3　全加器74LS283仿真实验

（1）实验目的　学习电路图的绘制、输入信号赋值，完成电路的仿真。

（2）实验设备与仪器　Win7及以上操作系统的计算机、Multisim 14软件。

（3）实验原理　给出全加器电路，通过两个四位二进制数相加可得本位及向高位的进位。

（4）实验内容　按照图3-13绘制电路图，通过逻辑开关分别设置几组二进制的加数和被加数，仿真验证结果是否正确。

实验4　555定时器构成单稳态触发器仿真实验

（1）实验目的　学习电路图的绘制、输入信号赋值，完成电路的仿真。

（2）实验设备与仪器　Win7及以上操作系统的计算机、Multisim 14软件。

（3）实验原理　当555定时器的2引脚接收到一个负脉冲时，3引脚输出暂态，暂态的时间由电位器R_P和电容C共同决定。

（4）实验内容　按照图3-31绘制电路图，分别赋予R_P和电容C_1不同的值，通过虚拟示波器观察输出波形，仿真验证结果是否正确。

5.2　Quartus Prime 的基本操作与使用

1. Quartus Prime 简介

Quartus Prime是Intel公司开发的一款综合性PLD/FPGA开发平台，提供了完全集成并且与电路结构无关的开发包环境，具有数字逻辑设计的全部特性，包括：原理图、结构框图、Verilog HDL、AHDL 和 VHDL 等多种设计输入形式,为可编程芯片系统提供全面的设计环境。Quartus Prime 分为专业版、标准版、精简版,其中精简版可供免费下载使用,能满足一般的设计使用需求。本节使用 Quartus Prime 17.1 介绍软件的基本操作和应用。

2. Quartus Prime 17.1 软件安装

Quartus Prime 精简版可以在网站 https://www.intel.cn 免费下载,如图 5-19 所示。

图 5-19　Quartus Prime 17.1 软件下载页面

Quartus Prime 17.1(含仿真软件 Modelsim)软件的安装步骤如下:

1)将下载的文件解压到同一个文件夹下,如图 5-20 所示,不改变文件夹下文件的位置。

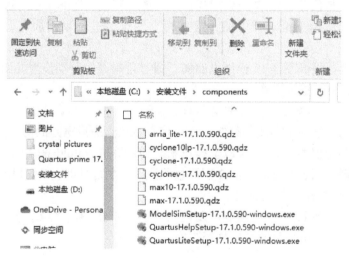

图 5-20　解压后的安装文件

2)双击"QuartusLiteSetup-17.1.0.0590-windows.exe",进入安装界面,如图 5-21 所示。

3)单击"Next"按钮,进入"License Agreement"界面,在该界面下方单击"I accept the agreement"单选按钮,如图 5-22 所示。

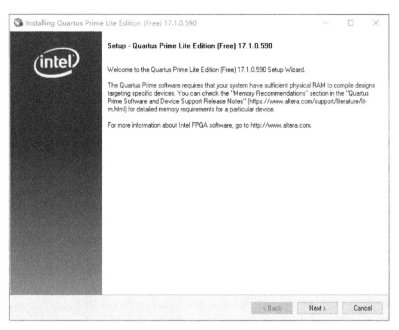

图 5-21　软件安装界面

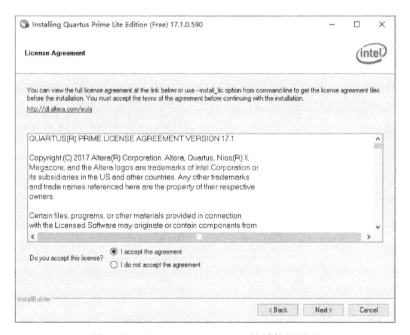

图 5-22　"License Agreement"接受协议界面

4）单击"Next"按钮，进入"Installation directory"界面，选择安装路径，硬盘上要预留足够的安装空间，一般需要 12GB 左右，为了加快软件的启动和运行速度，建议安装在装有固态硬盘的分区上，如图 5-23 所示。

5）单击"Next"按钮，进入"Select Components"器件选择界面，选择对应的器件库，并选择仿真软件"ModelSim"，如图 5-24 所示。

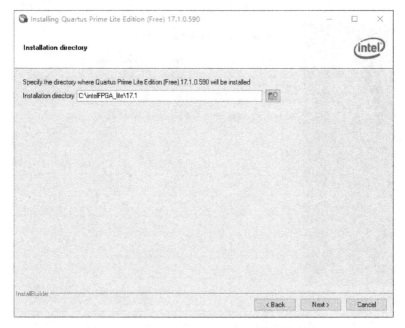

图 5-23 "Installation directory" 路径选择界面

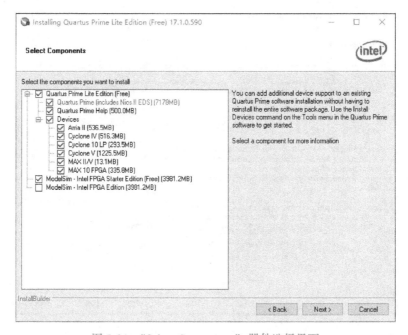

图 5-24 "Select Components" 器件选择界面

6）单击"Next"按钮，进入"Ready to Install"安装确认界面，在此界面确认上述几步操作设定的安装信息，如图 5-25 所示。

7）单击"Next"按钮，进入"Installing"安装界面，显示安装的进度信息，如图 5-26 所示。

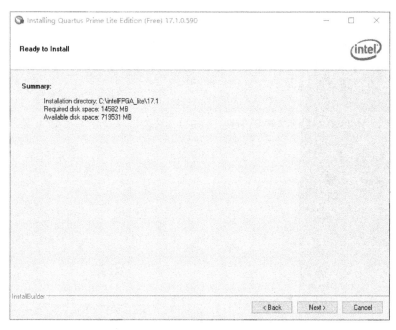

图 5-25 "Ready to Install" 安装确认界面

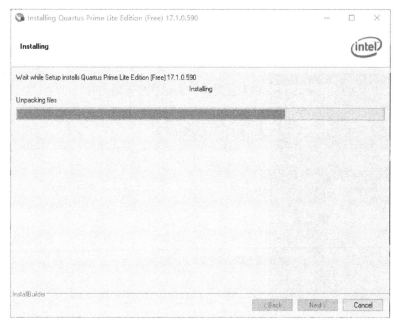

图 5-26 "Installing" 安装界面

8）安装完成后，进入"Installation Complete"安装完成界面，显示软件安装成功后的复选框信息，如图 5-27 所示。

9）单击"Finish"按钮，完成 Quartus Prime 软件、选择的元器件及 ModelSim 软件的安装。

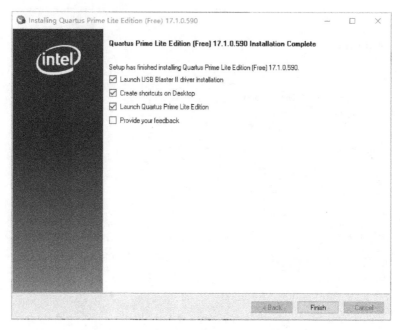

图 5-27 "Installation Complete" 安装完成界面

10）"Installation Complete"界面关闭后，弹出"设备驱动程序安装向导"界面，单击"下一步"按钮安装驱动程序，如图 5-28 所示。

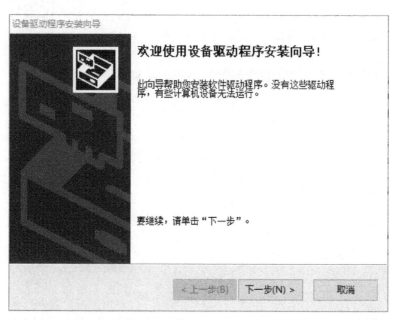

图 5-28 "设备驱动程序安装向导"界面

11）驱动程序安装完成后，弹出图 5-29 所示的界面，单击"完成"按钮，所有安装工作执行完毕。

图 5-29 "设备驱动程序安装向导"安装完成界面

3. Quartus Prime 17. 1 基本操作

计算机操作系统为 Windows 10，以 Quartus Prime 17. 1 为例，步骤如下：

1）单击开始→所有程序→Altera→Quartus Prime 17. 1，或者双击桌面上 Quartus Prime 的图标，运行 Quartus Prime 17. 1 软件，出现如图 5-30 所示界面。

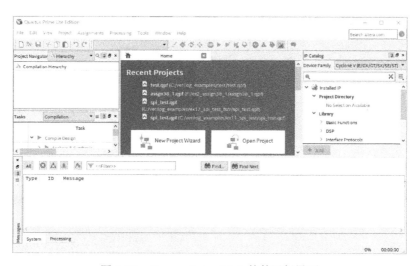

图 5-30 Quartus Prime 17. 1 软件运行界面

2）单击 File→New Project Wizard，新建一个工程，如图 5-31 所示。

3）单击图 5-31 中的"Next"按钮进入工程名的设定对话框，如图 5-32 所示。第一个文本框为工程目录输入框，可以输入如 C：\FPGA_EXAMPLES 等工作路径来设定工程的目录，或者单击文本框后的按钮选择已经存在的目录，目录的路径最好是全英文的，设定好后，所有的生成文件将存放在这个工作目录。第二个文本框为工程名称输入框，第三个文本框为顶层实体名称输入框。用户可以根据电路的功能进行命名，如设定为 test。默认情况下工程名称与实体名称相同。

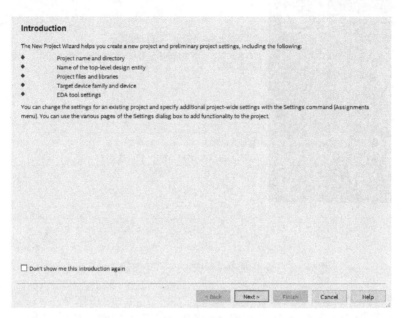

图 5-31　新建工程界面

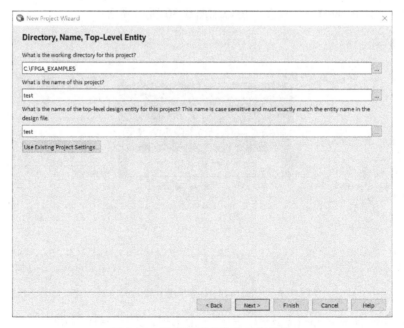

图 5-32　设定工程名称及工作目录

4）单击"Next"按钮，进入工程类型选择界面，此处可以选择新建一个空的工程（Empty project）或者工程模板（Project template），如图 5-33 所示。

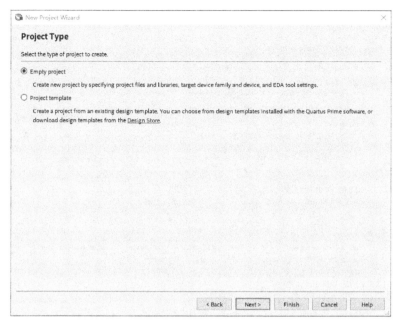

图 5-33　工程类型选择

5）单击"Next"按钮，进入添加设计文件界面，如果在建立工程时没有需要添加的文件，则无须操作，如图 5-34 所示。

图 5-34　添加设计文件

6）单击"Next"按钮，进入器件选择界面，在该界面选择合适的 PLD/FPGA 芯片型号，注意芯片型号的选择要与所用开发板的芯片相匹配，如图 5-35 所示。

7）单击"Next"按钮，进入 EDA 工具设置界面，在此选择 EDA 综合、仿真、时序分析工具，如图 5-36 所示。

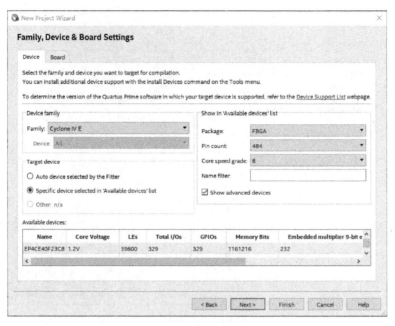

图 5-35　器件选择界面

图 5-36　EDA 工具设置界面

8）单击"Next"按钮，出现新建工程所有的设定信息，如图 5-37 所示。单击"Finish"按钮完成新建工程的建立。

9）单击 File→New，弹出新建设计文件类型对话框，在"Design Files"选项下选择"Verilog HDL File"，如图 5-38 所示。

10）建立了 Verilog HDL 文件后，则自动打开 Verilog HDL 编程界面，如图 5-39 所示。

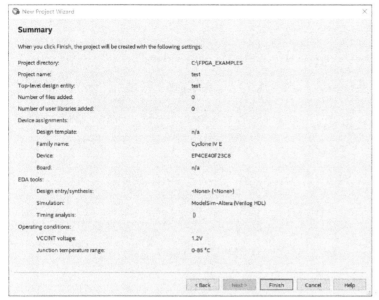

图 5-37　确认工程信息界面

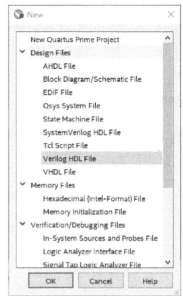

图 5-38　新建 Verilog HDL File（一）

图 5-39　Verilog HDL 编程界面

11）在编程界面中进行程序的编写。图 5-40 所示为四位二进制全加器的 Verilog HDL 实现。

12）代码书写结束后，单击 Processing→Start Compilation 对编写的代码进行编译，直到编译通过。

13）编译通过后，应用 Modelsim 仿真器在工程中进行仿真，可以仿真整个设计，也可以仿真设计的一部分。单击 File→New，弹出新建设计文件类型对话框，在"Verification/Debugging Files"选项下选择"University Program VWF"，如图 5-41 所示。

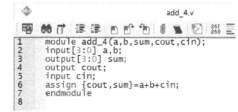

```
1  module add_4(a,b,sum,cout,cin);
2  input[3:0] a,b;
3  output[3:0] sum;
4  output cout;
5  input cin;
6  assign {cout,sum}=a+b+cin;
7  endmodule
8
```

图 5-40　四位二进制全加器的 Verilog HDL 实现

173

14）编译通过后，弹出如图 5-42 所示的信号仿真界面，在"Name"区域双击添加观察信号，弹出如图 5-43 所示对话框。

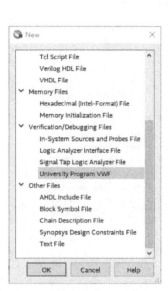

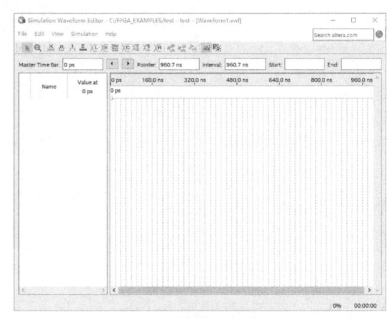

图 5-41　新建 Verilog HDL File（二）　　　　　　　　图 5-42　信号仿真界面

15）单击"Node Finder"按钮，弹出如图 5-44 所示的对话框。单击"List"按钮，在左侧对话框中选择需要添加的信号，单击" > "或" >> "将信号添加到右侧对话框，如图 5-45 所示，单击"OK"按钮确认。

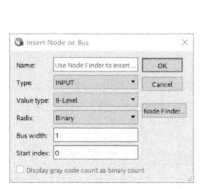

图 5-43　添加信号设置界面　　　　　　　　图 5-44　"Node Finder"界面

16）信号选择确认后，回到信号仿真界面，如图 5-46 所示，所选择的信号已经添加到信号仿真界面。

174

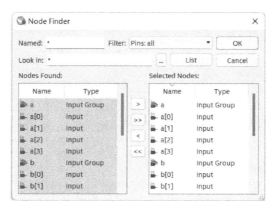

图 5-45 "Node Finder" 信号选择界面

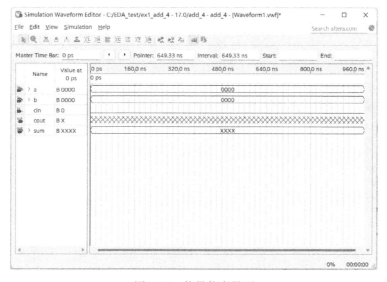

图 5-46 信号仿真界面

17）添加信号后，还需要选择和调整相应的激励输入信号，可通过如图 5-47 所示的工具条添加仿真波形信号，信号按图 5-48 所示的 a、b、cin 的值进行添加，添加完成后保存文件。

图 5-47 添加信号工具条

18）在 Simulation Waveform Editor 界面的 "Simulation" 选项中，选择功能仿真 "Run Functional Simulation"，系统开始仿真。

19）仿真结束后，显示界面如图 5-49 所示，图中 cout、sum 为仿真得到的波形，可查看仿真结果是否符合电路设计要求。

4. 实验项目

本小节实验内容实现的各功能模块，均可使用 Quartus 系列软件进行模拟仿真，不针对特定的软件版本、FPGA 型号和 EDA 实验箱。进行实验时，可根据 EDA 实验平台的芯片型

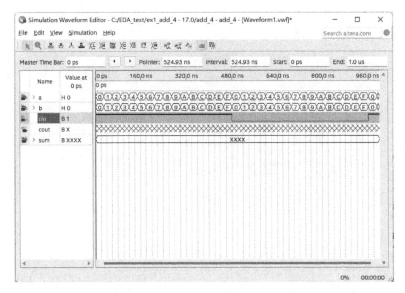

图 5-48　添加波形后的信号仿真界面

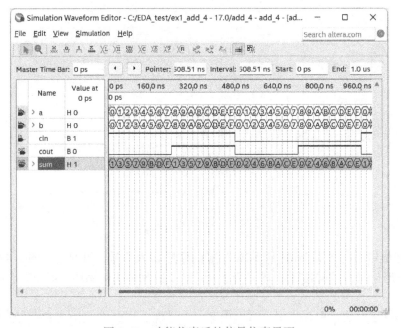

图 5-49　功能仿真后的信号仿真界面

号和功能扩展板的实际布局，对功能模块的端口进行实际引脚分配。本小节所使用的实验箱的功能布局如图 5-50 所示，FPGA 型号为 EP4CE115F29。

实验 1　3-8 译码器设计

（1）实验目的

1）通过 3-8 译码器的设计，掌握组合逻辑电路的设计方法与功能测试方法。

2）了解 Quartus Prime 17.1 仿真软件的开发过程。

3）初步了解 FPGA 下载的全过程和相关软件的使用。

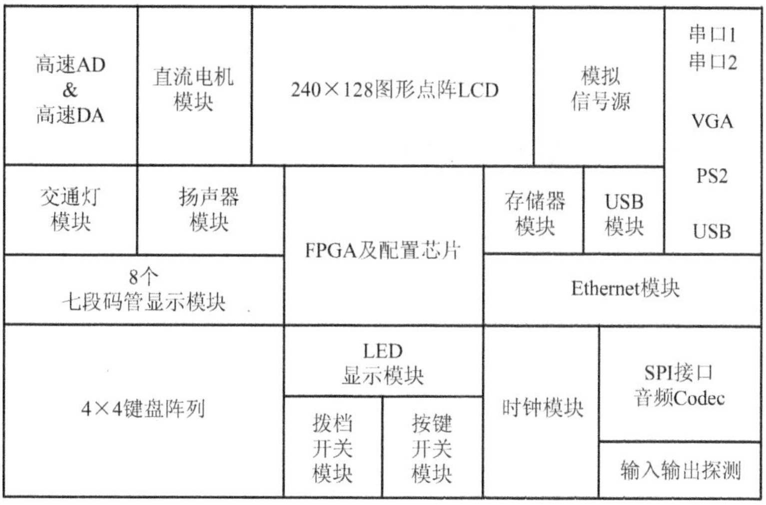

				串口1 串口2
高速AD & 高速DA	直流电机模块	240×128图形点阵LCD	模拟信号源	VGA

图 5-50 实验箱功能布局

（2）实验设备与仪器

1）Win7 及以上操作系统的计算机。

2）Quartus Prime 17.1 仿真软件。

3）EDA 实验箱、EP4CE115F29 芯片。

（3）实验原理 3-8 译码器的输入为 C、B、A，共有代码 8 个，分别是 000、001、010、…、110、111；输出为 $D_7 D_6 D_5 D_4 D_3 D_2 D_1 D_0$，高电平有效。当 CBA 输入一个代码时，与这个代码对应的输出端口为高电平，其余输出端口为低电平。例如，输入是 101，则只有 D_5 输出为高电平。输入输出逻辑关系如表 5-2 所示。

表 5-2 3-8 译码器真值表

C	B	A	D_7	D_6	D_5	D_4	D_3	D_2	D_1	D_0
0	0	0	0	0	0	0	0	0	0	1
0	0	1	0	0	0	0	0	0	1	0
0	1	0	0	0	0	0	0	1	0	0
0	1	1	0	0	0	0	1	0	0	0
1	0	0	0	0	0	1	0	0	0	0
1	0	1	0	0	1	0	0	0	0	0
1	1	0	0	1	0	0	0	0	0	0
1	1	1	1	0	0	0	0	0	0	0

（4）实验内容

1）根据实验原理，基于 Quartus Prime 17.1 仿真软件，建立 3-8 译码器原理图输入文件。

2）根据 3-8 译码器的逻辑功能图，建立其波形文件并仿真。

3）将所设计的 3-8 译码器文件下载到 EP4CE115F29 芯片内，并验证。

实验 2 简单多数表决器设计

（1）实验目的

1）了解简单多数表决器的工作原理。

2）进一步熟悉 Quartus Prime 17.1 软件的使用。

3）熟悉基于 Verilog HDL 的 FPGA 开发和基本流程。

（2）实验设备与仪器

1）Win7 及以上操作系统的计算机。

2）Quartus Prime 17.1 仿真软件。

3）EDA 实验箱、EP4CE115F29 芯片。

（3）实验原理　所谓简单多数表决器就是针对一个议题进行投票表决，只要同意的票数过半，则表决通过。本实验为 7 人表决器电路，同意票数大于或者等于 4 票时，表决通过；反之，则表决不通过。实验用 7 个拨档开关来表示 7 个人，对应的拨档开关输入为"1"时，表示此人同意；拨档开关输入为"0"时，则表示此人反对。表决的结果用 LED 显示，若表决结果通过，则 LED 被点亮；否则，LED 不被点亮。

（4）实验内容

1）根据实验原理，建立 7 人表决器的 Verilog HDL 输入文件。

2）将所设计的 3-8 译码器下载到 EP4CE115F29 芯片并验证。

实验 3　四位全加器设计

（1）实验目的

1）了解四位全加器的工作原理。

2）掌握基本组合逻辑电路的 FPGA 实现。

3）熟练掌握 Verilog HDL 与 Quartus Prime 17.1 进行 FPGA 开发。

（2）实验设备与仪器

1）Win7 及以上操作系统的计算机。

2）Quartus Prime 17.1 仿真软件。

3）EDA 实验箱、EP4CE115F29 芯片。

（3）实验原理　全加器是由被加数 X_i 和加数 Y_i 以及低位来的进位 C_{i-1} 作为输入，产生本位和 S_i 及向高位的进位 C_i 的逻辑电路。本位 X_i 和 Y_i 相加时须考虑到低一位进位 C_{i-1}。全加器的真值表见表 5-3。

表 5-3　全加器真值表

X_i	Y_i	C_{i-1}	S_i	C_i
0	0	0	0	0
0	0	1	1	0
0	1	0	1	0
0	1	1	0	1
1	0	0	1	0
1	0	1	0	1
1	1	0	0	1
1	1	1	1	1

由真值表得到 S_i 和 C_i 的逻辑表达式经化简后为

$$S_i = X_i \oplus Y_i \oplus C_{i-1}$$
$$C_i = (X_i \oplus Y) C_{i-1} + X_i Y_i$$

这里完成的仅仅是一位的二进制全加器，要实现四位的二进制全加器，只需要进行级联即可。

（4）实验内容　设计一个四位二进制全加器。利用 EDA/SOPC 实验系统中的拨档开关模块 K1~K4 作为一个 X_i 输入，K5~K8 作为一个 Y_i 输入，K9 作为 C_{i-1} 最低位进位输入，用 LED 模块的 LED1_5~LED1_8 作为 S_i 输出，用 LED1_1~LED1_4 作为结果 C_i 输出，LED 灯亮表示输出"1"，LED 灯灭表示输出"0"。

实验 4　四人抢答器设计

（1）实验目的

1）熟悉四人抢答器的工作原理。

2）加深对 Verilog HDL 的理解。

3）掌握 EDA 开发的基本流程。

（2）实验设备与仪器

1）Win7 及以上操作系统的计算机。

2）Quartus Prime 17.1 仿真软件。

3）EDA 实验系统、EP4CE115F29 芯片。

（3）实验原理　首先设置一个抢答允许标志位，目的是为了允许或者禁止抢答者按按钮，如果抢答允许标志位有效，那么第一个抢答者按下的按钮就将其清除，同时记录按钮的序号，也就是对应按按钮的人。这样做的目的是为了禁止后面再有人按下按钮的情况出现。

（4）实验内容　设计一个四人抢答器，用按键模块的 S_5 做抢答允许标志位按钮，用 $S_1 \sim S_4$ 来表示 1 号抢答者 ~ 4 号抢答者，同时用 LED 模块的 LED2_1 ~ LED2_4 分别表示抢答者对应的位子。具体要求为：按下 S_5 一次，允许一次抢答，这时 $S_1 \sim S_4$ 中第一个按下的按钮将抢答允许标志位清除，同时将对应的 LED 点亮，用来表示对应的按钮抢答成功。

5.3　Altium Designer 的基本操作与使用

1. Altium Designer 简介

Altium Designer 是一款由 Altium 公司推出的一体化电子产品开发系统，由原 Protel 软件不断升级迭代而来。Altium Designer 融合了原理图设计、电路仿真、PCB 绘制编辑、拓扑逻辑自动布线、信号完整性分析和设计输出等技术，为设计者提供了全新的设计解决方案，使设计者可以轻松进行设计，电路设计的质量和效率都得到了提高。

接下来以 Altium Designer 19.1.5 作为印制电路板绘制工具，以 NE555 组成的多谐振荡器为例来详细阐述印制电路板的设计过程。

2. Altium Designer 安装

首先，在 Altium 官网下载 Altium Designer 安装包，单击安装程序进行安装，如图 5-51 所示，单击"Next"按钮进入下一步。

图 5-51　Altium Designer 安装界面

在出现的界面中勾选"I accept the agreement"复选框并单击"Next"按钮。如图 5-52 所示，在弹出的界面中勾选所需模块的复选框，继续单击"Next"按钮。

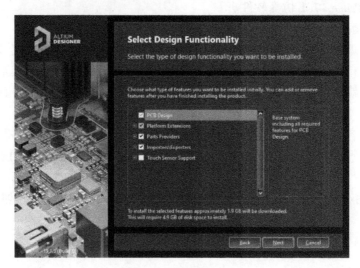

图 5-52　安装模块选择

如图 5-53 所示，选择 Altium Designer 软件安装位置和共享文件的位置。

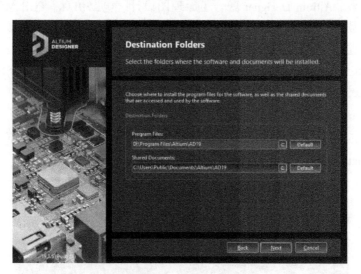

图 5-53　安装位置

继续单击"Next"按钮，软件开始安装，安装完成后界面如图 5-54 所示。

Altium 官网提供学生许可证，学生用户可以通过官网进行申请。安装完成后打开软件，添加许可证即可正常使用软件。

3. Altium Designer 元件库设计

元件符号是元件在原理图上的表现形式。元件符号的形状与实际的元件不一定相似，但一般都表现出了元件的特点，引脚的数目和实际元件保持一致。元件符号主要由元件轮廓、引脚、元件名称及说明组成，其中引脚部分包含引脚序号与引脚定义两部分。在绘制元件符

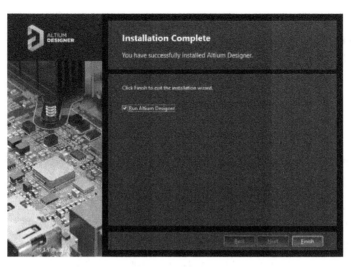

图 5-54　软件安装完成

号时，元件引脚的序号所对应的定义需要与实际元件保持一致，如果元件引脚定义标注错误，则会导致原理图绘制时发生错误。

Altium Designer 软件自带部分集成库，在其集成数据库中含有一些常用的元件符号及其封装提供给用户使用。但其包含的集成数据库中元件类型与数量有限，因此在其数据库中无法找到用户所需元件时，需要用户创建自己的元件库，绘制元件符号用于表示该元件的电气特性。下面以 NE555 芯片为例说明元件符号的创建过程。

在创建元件库之前，需要打开 Altium Designer 软件，依次单击 "File→New→Library→Schematic Library"，新的元件库便创建完成。

添加新元件时，需要在工具栏中依次单击 "Tools→New Component"，如图 5-55 所示，在该对话框中输入元件名称后单击 "OK" 按钮，进入到元件符号的绘制界面。

如图 5-56 所示，在绘图工具栏中选中矩形绘图元素后在界面内进行拉伸，绘制 NE555 芯片主体轮廓。

图 5-55　新建 Component

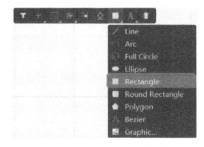

图 5-56　矩形图形元素放置

如图 5-57 所示，单击绘图工具栏的 "放置引脚" 按钮 进行引脚放置。

引脚放置完成后，可通过鼠标左键双击该引脚查看详细参数，依据 NE555 手册，在 Designator 中填写引脚序号，在 Name 当中填写引脚定义。将 8 个引脚放置并完成引脚序号与定义的修改后，调节矩形框与引脚位置，创建完成后的 NE555 芯片元件符号如图 5-58 所示。

图 5-57　引脚放置按钮

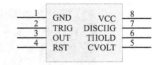

图 5-58　NE555 芯片元件符号

4. Altium Designer 原理图设计

原理图用来表示电路板上各元器件之间连接，元器件之间的拓扑连接与信号流向对于 PCB 布线具有指导性作用。原理图主要由元件符号、连线、结点、注释四大部分组成，电气连接线即表示实际电路中导线的连接拓扑，结点表示多个元件引脚或多条导线之间相互的连接关系，注释包括用户添加的字符串注释与元件的位号注释，位号表示该元件在整个原理图中的代号，具有唯一性。原理图绘制时需要避免不同元件符号具有同一位号情况的发生，否则将导致在原理图生成 PCB 图的环节中发生错误。

下面以 NE555 组成的多谐振荡器电路为例，说明 Altium Designer 原理图绘制的基本方法与流程。依次单击 "File→New→Schematic"，修改原理图名称为 "NE555. SchDoc"。在工程中添加需要使用的元件库，用于原理图中元件符号的调用。在 Components 工具栏中选择所需的元件库，并选择需要的元件符号，然后用鼠标进行拖拽，即可将所需元件放置在原理图中。若需要调整元件符号的方向，可通过选中该元件符号后单击键盘上的 "空格" 进行方向调整，每单击一次，元件符号便逆时针旋转 90°。

软件自带的 "Miscellaneous Devices. IntLib" 中包含丰富的阻容元件，直接应用该库中的电容、电阻，不再重新对电容、电阻元件符号进行绘制。设计中需要用到 4 个电阻与 2 个电容，直接在该库中找到并拖拽至原理图中。软件自带的 "Miscellaneous Connectors. IntLib" 中包含许多设计中经常使用的接插件元件符号，可直接调用。NE555 芯片需要直流电源供电，采用该库中的 2 引脚插针作为其外部供电连接件。信号输出的接口也采用 2 引脚插针。图 5-59 为放置好元件符号的原理图。

根据电路需要对各元件符号进行重新布局，并对电阻、电容的参数进行修改以符合电路参数的设置，调整布局后的原理图如图 5-60 所示。

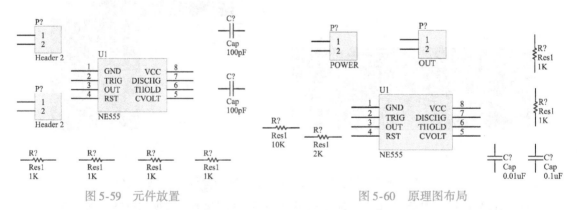

图 5-59　元件放置　　　　　　　　　　　图 5-60　原理图布局

此时各个元件并未具有位号，依次单击 "Tools→Annotation→Annotate Schematics"，在弹出的界面中单击 "Update Changes List" "Accept Changes（Create ECO）"，随后在新弹出的界

面中单击"Validate Changes →
Execute Changes"。执行完毕后，
各个元件符号的位号便编号完成，
如图 5-61 所示。

所需元件摆放完成后，需要
在原理图中将各个元件用电气连
接线连接起来。如图 5-62 所示，
单击绘图工具栏中的"放置导线"
按钮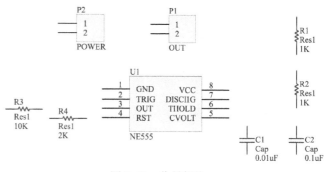来放置导线。

图 5-61　位号标注

图 5-62　绘图工具栏"Place Wire"

如图 5-63 所示，通过"放置导线"按钮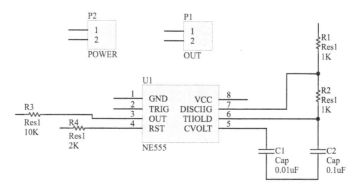将一部分元件用导线连接。

图 5-63　元件间导线连接

对于一些电气连接较复杂的网络，如果大量采用导线连接，将会导致原理图中导线纵横
交错，不利于梳理元件间电气连接。因此，可以采用网络标号的方式表示各元件间的电气连
接特性。在放置网络标号时，在菜单栏中执行"Place→Net Lable"操作，在放置状态下按
"Tab"键可以修改网络标号的名称，修改好网络标号的名称后，将网络标号放置到导线上，
如图 5-64 所示。

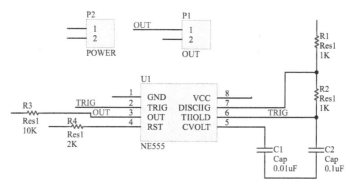

图 5-64　放置网络标号

如图 5-65 所示，在绘图工具栏中右键单击"Power Port"，可选择所需要的电源端口，将其中一种电源端口设置为"Place ＋5 power port"，将该电源端口放置在原理图中，与 R1 相连，同时与 NE555 芯片的 VCC 引脚及 P2 的 1 引脚相连。以同样的方式将另一种电源端口设置为"Place GND power port"，将该电源端口放置在原理图中，按照设计的电气连接需求，与相应元件的引脚相连。

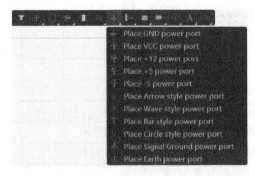

图 5-65　电源端口放置选项

完成电源端口放置后，原理图如图 5-66 所示。

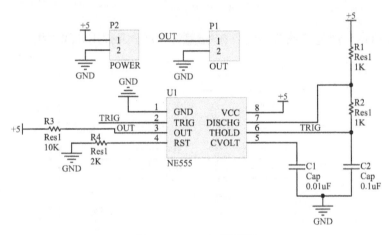

图 5-66　NE555 原理图

5. Altium Designer 封装库设计

依次单击"File→New→Library→PCBLibrary"，创建新的元件封装库。

依次单击"Tools→New Blank Footprint"，双击新添加的元件封装，如图 5-67 所示。在该对话框的"Name"文本框中输入元件封装名称后单击"OK"按钮，进入到元件封装的绘制界面。

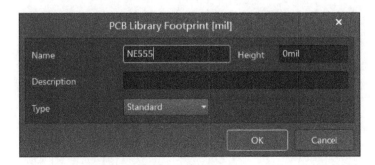

图 5-67　新建 PCB 封装

根据 NE555 芯片手册提供的焊盘尺寸进行封装绘制，如图 5-68 所示，芯片手册中标注了 NE555 芯片封装所对应的焊盘尺寸及焊盘间的横向与纵向间距。

单击绘制工具栏中的"Place Pad"按钮的属性，单击"Tab"键，可以修改焊盘的属性。如图 5-69 所示，首先将焊盘的"Layer"修改为"Top Layer"。

根据 NE555 芯片手册，如图 5-70 所示，在"Size and Shape"下的"（X/Y）"的文本框中依次输入焊盘的长和宽。

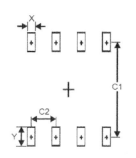

Dimensions	Value (in mm)
X	0.60
Y	1.55
C1	5.4
C2	1.27

图 5-68　NE555 芯片对应焊盘尺寸

图 5-69　焊盘层设置

将设置好参数的焊盘进行放置，焊盘位置需参照 NE555 芯片手册中封装尺寸，放置完成后如图 5-71 所示。

将绘图层切换为"Top Overlay"，如图 5-72 所示，利用绘图工具在顶层丝印层进行大致轮廓的绘制。

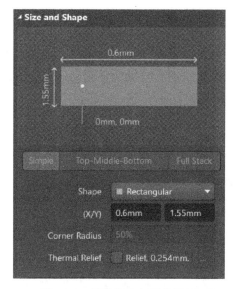

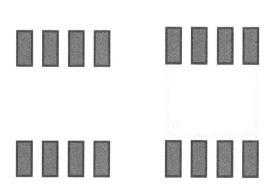

图 5-70　焊盘尺寸与形状设置　　　图 5-71　焊盘放置　　　图 5-72　顶层丝印层绘制

6. Altium Designer PCB 设计

单击原理图中的 NE555 元件符号，打开属性界面，如图 5-73 所示，在"Footprint"中单击"Add"按钮，将绘制好的 NE555 封装添加。

依次单击"File→New→PCB"，将新建的 PCB 文件名称修改为"NE555. PcbDoc"。单击进入原理图"NE555. SchDoc"，依次单击"Design→Update PCB Document NE555. PcbDoc"，随后在新弹出的界面中单击"Validate Changes→Execute Changes"。执行完毕后，如图 5-74 所示，原理图对应的 PCB 图便已生成。

图 5-73　封装添加

图 5-74　PCB 生成

在 PCB 设计过程中，需要首先确定 PCB 的尺寸，PCB 尺寸通常与其安装环境密切相关，针对不同的使用环境与空间，需要对 PCB 的形状进行裁剪，以适配 PCB 的使用环境与安装环境。首先在键盘上按下数字"1"，然后依次单击"Design→Redefine Board Shape"，在 PCB 绘制界面中单击鼠标便可放置顶点，各个顶点通过直线相连的方式描绘出 PCB 形状，如图 5-75 所示。

在键盘上按下数字"2"，便可返回 PCB 二维绘制界面。绘制前需要对元件进行布局，元件的布局将会影响到 PCB 布线的难度，进而影响到 PCB 的整体性能与 PCB 上的空间利用率。通常，PCB 元件布局时需要参考原理图中各个信号的流向。同时，也要考虑到布线长度的问题，尽量缩短布线长度，以减少由走线过长带来的干扰问题。PCB 元件布局完成后如图 5-76 所示。

布局完成后，切换到"Mechanical 1"，单击绘制工具栏中的"Place Line"，如图 5-77 所示，沿着 PCB 形状的外沿绘制线条。机械层轮廓线的绘制将会直接关系到 PCB 厂家的加工流程，在 PCB 制作过程中，PCB 厂家将会以机械层绘制的轮廓线进行切割。

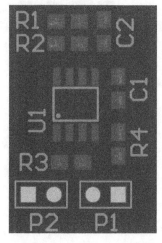

图 5-75　重新定义电路板形状

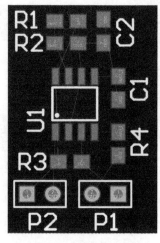

图 5-76　PCB 元件布局

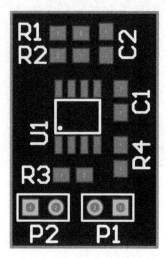

图 5-77　绘制外形框

布线过程中,首先切换到"Top Layer",单击绘制工具栏中的"Interactively Route Connections"。通过"Tab"键可以打开布线的属性选项,在选项中可以修改布线的宽度、布线拐角类型等其他属性。完成顶层布线后的 PCB 如图 5-78 所示。

布线过程中,仅通过"Top Layer"进行布线会增加布线的难度与布线的长度,复杂情况下则无法完成整个 PCB 的布线,因此在"Top Layer"无法完成合适布线的情况下,可通过"Bottom Layer"进行布线。由于"Top Layer"与"Bottom Layer"不是同一个层,若出现需要两个层的线相连的情况,可以通过绘制工具栏中的"Place Via"的方式将两层的线进行连接。完成整体布线后的 PCB 如图 5-79 所示。

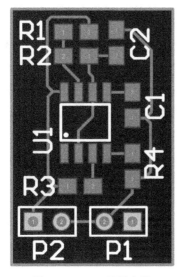 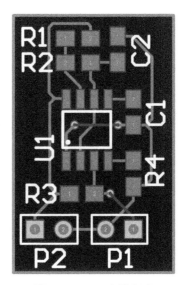

图 5-78　PCB 顶层布线　　　　　　图 5-79　PCB 布线完成

7. 实验项目

实验 1　±5V 直流稳压电源电气原理图绘制和印制电路板设计

(1)实验目的　学习电子电路图的绘制、印制电路板的设计。

(2)实验设备与仪器　Win7 及以上操作系统的计算机、Altium Designer 软件。

(3)实验内容　设计 ±5V 直流稳压电源电路原理图,绘制电气原理图,生成网络表,完成印制电路板。

实验 2　振荡、带通及功放组合电路印制电路板设计

(1)实验目的　学习电子电路图的绘制、印制电路板的设计。

(2)实验设备与仪器　Win7 及以上操作系统的计算机、Altium Designer 软件。

(3)实验内容　绘制"2.14 模拟电子技术综合性实验"电路,生成网络表,完成印制电路板。

实验 3　数字电子秤设计

(1)实验目的　学习电子电路图的绘制、印制电路板的设计。

(2)实验设备与仪器　Win7 及以上操作系统的计算机、Altium Designer 软件。

（3）实验内容　设计一台数字电子秤，测量范围≤1kg。绘制电路原理图，生成网络表，完成印制电路板。

实验4　步进电动机调速控制系统电路设计

（1）实验目的　学习电子电路图的绘制、印制电路板的设计。

（2）实验设备与仪器　Win7及以上操作系统的计算机、Altium Designer软件。

（3）实验内容　完成"4.16步进电动机调速控制系统设计"电路，绘制电路原理图，生成网络表，完成印制电路板。

5.4　立创EDA的基本操作与使用

1. 立创EDA简介

立创EDA是一个电路板开发平台，同时支持多操作系统，如Windows、Mac、Linux。它能够绘制出美观的电路图，支持从电路原理图无缝转换PCB图，吸引了大量电子工程师、学生和无线电爱好者。立创EDA简化了工程师创建元件库的流程，该工具附带丰富电子元件库，极大地降低了工程师建库时间，加快了设计效率，对于无电子设计背景的人来说，立创EDA是一款很好上手的工具。

2. 立创EDA客户端安装

通过立创EDA官网可以下载客户端软件，下载完成后双击运行安装程序，如图5-80所示，选择安装位置后单击"下一步"按钮即可完成立创EDA客户端软件安装。

安装完成后打开立创EDA客户端软件即可开始使用。如图5-81所示，立创EDA在首次安装打开时需要设置客户端运行版本，用户可以根据自身需求进行设置。

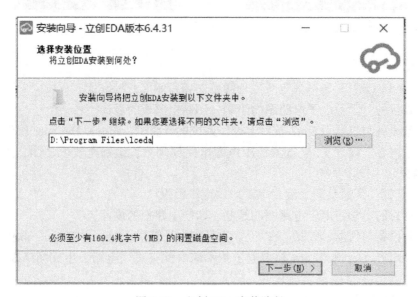

图5-80　立创EDA安装路径

3. 立创EDA原理图设计

立创EDA的原理图绘制方法与Altium Designer软件原理图绘制方法原理基本一致。

如图 5-82 所示，立创 EDA 原理图绘制界面中包含了"电气工具"栏，"电气工具"中囊括了原理图绘制过程中常用的元素。

图 5-81　立创 EDA 客户端运行版本选择

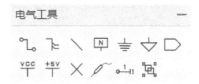

图 5-82　立创 EDA 原理图电气工具

立创 EDA 包含丰富的元件库，在元件库中可以搜索自己需要的元件，搜索出的元件包含元件符号、封装以及制造商等信息。选中需要的元件后，双击便可选中放置到原理图中。如图 5-83 所示，在立创 EDA 中元件库可以直接搜索元件的信息，包括元件的标题、封装名、分类标签、描述及部分电阻、电容类元件的阻值、容值等。

图 5-83　立创 EDA 元件库

通过立创 EDA 元件库在原理图中放置所需元件，布局后完成原理图元器件之间的电气连接，绘制完成后的原理图如图 5-84 所示。

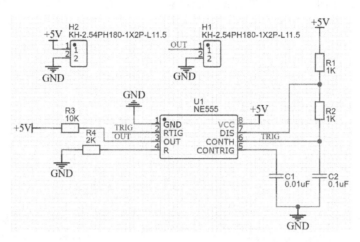

图 5-84 立创 EDA 原理图绘制

4. 立创 EDA PCB 设计

完成原理图绘制后，单击"顶部菜单→设计→原理图转 PCB"，即可转换为 PCB，如图 5-85 所示。

转换成功后会自动生成一个 PCB 边框，并将 PCB 封装按照顺序排列，蓝色的飞线表示两个焊盘之间需要进行布线连接，属于同一网络。通过手动布局的方式将元件进行重新布局，布局完成后如图 5-86 所示。

图 5-85 立创 EDA 原理图转 PCB

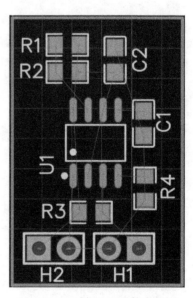

图 5-86 立创 EDA 元件布局图

PCB 工具提供很多功能以满足绘制 PCB 的需求。如图 5-87 所示，立创 EDA 中 PCB 工具包含有导线、焊盘、过孔、文本、圆弧、圆、拖动、通孔、图片、画布原点、量角器、连接焊盘、覆铜、实心填充、尺寸、矩形、组合/解散等。

立创 EDA 布线方式与 Altium Designer 基本一致，首先完成顶层布线设计，完成顶层布

图 5-87　立创 EDA PCB 工具

线后的 PCB 如图 5-88 所示。完成顶层布线后，PCB 中仍然有元件未连接上，需要在底层进行布线。绘制双层板或多层板时可以放置过孔，使顶层和底层导通。绘制完成后的 PCB 如图 5-89 所示。

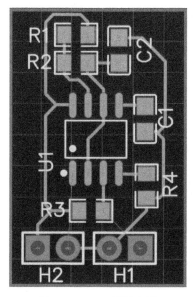

图 5-88　PCB 顶层布线

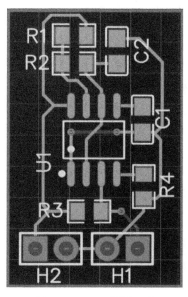

图 5-89　PCB 绘制完成

5. 实验项目

使用立创 EDA 软件，完成本章第三节的实验项目。

部分常用电子元器件

电子元器件类别、名称、参数和功能、应用繁多，这里仅仅选取部分本书所用到的电子元器件，更多的元器件可以从专业手册中查到，现在更加有利的条件是通过互联网可以很方便地查阅各种电子元器件的参数和应用，建议养成查阅的良好习惯，以便更好地使用它们。

1. 常用晶体管参数

（1）JE8050/8550 高频小功率晶体管

用　　途：在便携式收音机输出放大器中作乙类推挽放大用，JE8050（NPN）/JE8550（PNP）组成互补电路。

主要特点：① 耗散功率大，在 $T_C = 25℃$ 时，$P_{tot} = 2W$。

②　电流动态范围大，$I_C > 1.5A$。

③　饱和压降低，$U_{CE(sat)} < 0.5V$。

外　　形：TO-92，外形示意图如附图 1a 所示。

JE8050/8550 高频小功率晶体管最大额定值如附表 1 所示。

附表 1　JE8050/8550 高频小功率晶体管最大额定值　　　　　（$T_A = 25℃$）

型号	集电极-基极电压	集电极-发射极电压	发射极-基极电压	集电极电流	基极电流	耗散功率	国内型号
	U_{CBO}/V	U_{CEO}/V	U_{EBO}/V	I_C/mA	I_B/mA	P_{tot}/mW	
JE8050	40	25	6	1500	500	800	3DG8050
JE8550	-40	-25	6	1500	500	800	3CG8550

h_{FE}分档	字标	A	B	C
	范围	80~160	120~200	160~300

（2）JE90××系列高频小功率晶体管

1）JE9012/JE9013 硅高频小功率晶体管。

用　　途：在便携式收音机 1W 输出放大器中作乙类推挽放大用，JE9012（PNP 型）/JE9013（NPN 型）可组成互补电路。

主要特点：① 耗散功率大，$P_{tot} = 625mW$。

② 电流动态范围大，$I_C > 500\text{mA}$。

③ 饱和压降低，$U_{CE(sat)} < 0.6\text{V}$。

2）JE9014 硅 NPN 型高频小功率晶体管。

用　　途：在低电平和低噪声的前置放大器中作放大和振荡用，并与 JE9015（PNP 型）可组成互补电路。

主要特点：① 耗散功率大，$P_{tot} = 625\text{mW}$。

② 特征频率高，$f_T > 150\text{MHz}$。

③ 饱和压降低，$U_{CE(sat)} < 0.3\text{V}$。

3）JE9015 硅 PNP 型高频小功率晶体管。

用　　途：在低电平和低噪声的前置放大器中作放大和振荡用，与 JE9014 可组成互补电路。

主要特点：① 耗散功率大，$P_{tot} = 625\text{mW}$。

② 特征频率高，$f_T > 150\text{MHz}$。

③ 电流放大系数线性好。

4）JE9016 硅 NPN 型高频小功率晶体管。

用　　途：在 AM 变频器和 FM 低噪声射频放大器中作放大和振荡用。

主要特点：① 特征频率高，$f_T > 400\text{MHz}$。

② 高频噪声系数低，$f_T < 0.5\text{dB}$。

③ 饱和压降小，$U_{CE(sat)} < 0.3\text{V}$。

5）JE9018 硅 NPN 型高频小功率晶体管。

用　　途：在 AM/FM 的中频放大器和 FM/UHF 调谐器的本机振荡器中作放大器和振荡用。

主要特点：① 特征频率高，$f_T > 1100\text{MHz}$（典型值）。

② 对电源电压和环境温度变化具有稳定的振荡和小的频率漂移。

JE90×× 系列高频小功率晶体管最大额定值如附表 2 所示。

附表 2　JE90×× 系列高频小功率晶体管最大额定值　　　　（$T_A = 25℃$）

参数 型号	集电极- 基极电压	集电极- 发射极电压	发射极- 基极电压	集电极电流	基极电流	耗散功率	国内 型号
	U_{CBO}/V	U_{CEO}/V	U_{EBO}/V	I_C/mA	I_B/mA	P_{tot}/mW	
JE9011	50	30	5	30	10	400	3DG9011
JE9012	−40	−20	−5	500	100	625	3CG9012
JE9013	40	20	5	500	100	625	3DG9013
JE9014	50	45	5	100	100	450	3DG9014
JE9015	−50	−45	−5	100	100	450	3CG9015
JE9016	30	20	4	25	5	400	3DG9016
JE9018	30	15	5	50	10	400	3DG9018

JE90×× 系列高频小功率晶体管 h_{FE} 范围如附表 3 所示。

附表 3　JE90××系列高频小功率晶体管 h_{FE} 范围　　　　　（$T_A = 25℃$）

型号 \ 字标	A	B	C	D
JE9011	60~150	100~300	200~600	
JE9012	60~150	100~300	200~600	
JE9013	60~150	100~300	200~600	
JE9014	60~150	100~300	200~600	400~1000
JE9015	60~150	100~300	200~600	

型号 \ 字标	D	E	F	G	H	I
JE9016	28~45	39~60	54~80	72~108	97~146	132~198
JE9018	28~45	39~60	54~80	72~108	97~146	132~198

（3）国外部分常用小功率晶体管

1）2SC1815 硅 NPN 型高频小功率晶体管。

用　　途：在电子设备中一般用于末级前置放大及音频放大。

主要特点：① 高电压、大电流：$U_{CEO} = 50V$，$I_C = 150$。

　　　　　② 极好的 h_{FE} 线性：$h_{FE}(0.1mA)/h_{FE}(0.2mA) = 0.95$（典型值）。

　　　　　③ 低噪声：$F = 1dB$（典型值）（在 $f = 1kHz$ 时）。

2）2SC945 硅 NPN 型高频低噪声小功率晶体管。

用　　途：主要用于电子设备中的音频放大、驱动及低速开关电路。

主要特点：① 高电压：$U_{CEO} = 50V$；低噪声：$F = 0.8dB$（典型值）。

　　　　　② 线性好：$h_{FE}(0.1mA)/h_{FE}(0.2mA) = 0.92$（典型值）。

2SC1815/945 高频小功率晶体管最大额定值如附表 4 所示。2SC1815/945 高频小功率晶体管 h_{FE} 范围如附表 5 所示。塑封晶体管外形图如附图 1 所示。

附表 4　2SC1815/945 高频小功率晶体管最大额定值　　　　　（$T_A = 25℃$）

型号 \ 参数	集电极-基极电压 U_{CBO}/V	集电极-发射极电压 U_{CEO}/V	发射极-基极电压 U_{EBO}/V	集电极电流 I_C/mA	基极电流 I_B/mA	耗散功率 P_{tot}/mW	国内型号
2SC1815	60	50	5	150	50	400	3DG1815
2SC945	60	50	5	100	20	250	3CG945

附表 5　2SC1815/945 高频小功率晶体管 h_{FE} 范围　　　　　（$T_A = 25℃$）

字标	R	Q	P	K
2SC945	90~180	135~270	200~400	300~600
字标	O	Y	GR	BL
2SC1815	70~140	120~240	200~400	350~700

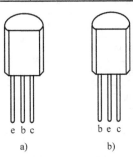

附图 1　塑封晶体管外形图

2. 常用晶闸管参数（见附表6）

附表6 KK/KP/KS系列晶闸管额定参数

参数		通态平均电流	断态（反向）重复峰值电压	控制极触发电流	控制极触发电压	浪涌电流	通态平均电压	维持电流	断态电压临界上升率
符号		I_T/A	U_{DRM}/V	I_{GT}/mA	U_{GT}/V	I_{TSM}/A	U_T/V	I_H/mA	$\frac{du}{dt}/(V/\mu s)$
序号		1	2	3	4	5	6	7	8
KP系列快速晶闸管的额定参数	KP1	1	100~3000	3~30	≤3.5	20	出厂上限值由各生产厂根据合格的形式实验自订	实测值	30
	KP5	5		5~70	≤3.5	90			30
	KP10	10		5~100	≤3.5	190			30
	KP20	20		5~100	≤3.5	380			30
	KP30	30		8~150	≤3.5	560			30
	KP50	50		8~150	≤3.5	940			30
KK系列晶闸管的额定参数	KK1	1	100~2000	3~30	<2.5	20	上限值各厂由浪涌电流和结温的合格形式实验决定	实测值	≥100
	KK5	6		5~70	≤3.5	90			
	KK10	10		5~100	≤3.5	190			
	KK20	20		5~100	≤3.5	380			
	KK50	50		8~150	≤3.5	940			
KS系列双向晶闸管的额定参数	KS1	1	100~2000	3~100	≤2	8.4	上限值各厂定取U_{T1}和U_{T2}绝对值之差不大于0.5V为合格	实测值	≥20
	KS10	10		5~100	≤3	84			
	KS20	20		5~200	≤3	170			
	KS50	50		8~200	≤4	420			

注：1. 额定结温T_{JM}：风冷元件115℃；水冷元件100℃。额定温升ΔT_{KM}：风冷元件75℃；水冷元件60℃。
2. 平板形元件限用200A和200A以上各系列。
3. 快速晶闸管外形和尺寸与普通晶闸管相同。
4. U_{T1}、U_{T2}分别为两个方向的平均电压，取其差的绝对值 $|U_{T1}-U_{T2}|$ ≤0.5V为合格。

3. 光耦合器参数及应用（见附表7）

附表7 光耦合器参数及应用表

类型	器件型号	输出结构	峰值阻断电压（最小）/V	LED最大触发电流I_{FT}（$U_{AK}=50V$单或$U_{YM}=3V$双）	过零禁止电压（最大）（在额定I_{FT}）	最小冲击隔离电压/V	$\frac{du}{dt}/$（V/μs）	应用
单向晶体管型	4N39	单向晶闸管	200	30mA	—	7500	500（最小）	低功率IC到AC线的隔离，完成继电器功能，隔离DC电路、工业控制逻辑等
	MCS2		200	14mA（$U_{AK}=100V$）	—	7500	—	
	MOC3002		250	30mA	—	7500	500	
	MOC3003		250	20mA	—			
	MOC3007		200	40mA	—			
	MCS6200		400	20mA	—	3500	—	

（续）

类型	器件型号	输出结构	峰值阻断电压（最小）/V	LED 最大触发电流 I_{FT}（$U_{AK}=50V$ 单或 $U_{YM}=3V$ 双）	过零禁止电压（最大）（在额定 I_{FT}）	最小冲击隔离电压/V	$\dfrac{\mathrm{d}u}{\mathrm{d}t}$ /(V/μs)	应用
双向晶体管型	MOC3009 MOC3010 MOC3011 MOC3012	双向晶闸管	250	30mA 15mA 10mA 5mA	—	7500	12	触发双向晶闸管 用于电动机控制、AC 电源控制、电源极性控制等
	MOC3020 MOC3021 MOC3022 MOC3023		400	30mA 15mA 10mA 5mA	—	7500	12	
过零双向晶闸管驱动型	MOC3030 MOC3031 MOC3032		250	30mA 15mA 10mA	25V	7500	100	将逻辑电路直接与双向晶闸管接口。用于工业控制、电动机控制、AC 电源控制等
	MOC3033 MOC3034		400	30mA 15mA	40V	7500	100	

4. 模拟集成电路

（1）集成运算放大器

1）μA741。μA741 是通用型集成运算放大器，内部具有频率补偿、输入和输出过载保护等功能，并允许有较高的输入共模电压和差模电压，电源电压适应范围较宽。μA741 的封装形式和排列如附图 2 所示，其电参数见附表 8。

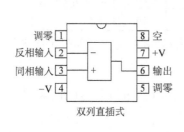 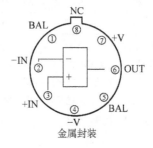

附图 2　μA741 通用运算放大器封装形式和排列

附表 8　μA741 集成运算放大器的电参数值　　　　　　　　（$T_j = 25℃$）

参数名称	符号/单位	测试条件	典型值
输入失调电压	U_{IO}/mV	$R_s \leqslant 10k\Omega$	1.0
输入失调电流	I_{IO}/nA		20
输入偏置电流	I_{IB}/nA		80
差模输入电阻	R_{id}/MΩ		2.0
输入电容	C_i/pF		1.4
输入失调电压调整范围	U_{IOR}/mV		±15

（续）

参数名称	符号/单位	测试条件	典型值
差模电压增益	A_{od}	$R_L \geq 2k\Omega$，$U_o \geq \pm 10V$	2×10^5
输出电阻	R_o/Ω		75
输出短路电流	I_{OS}/mA		25
电源电流	I_S/mA		1.7
功耗	P_C/mW		50
转换速率	$S_R/(V/\mu s)$	$R_L \geq 2k\Omega$	0.5

2）LM324 低功耗四运算放大器。LM324 是由四个独立的高增益、内部频率补偿运算放大器组成，不但能在双电源下工作，也可在宽电压范围的单电源下工作，它具有输出电压振幅大、电源功耗小等特点（见附表9）。

附表9 LM324 集成运算放大器电参数值 （$T_j = 25℃$）

参数名称	符号/单位	典型值	参数名称	符号/单位	典型值
输入失调电压	U_{IO}/mA	2	双电源电压范围	U_S/V	$\pm 1.5 \sim \pm 15$
输入失调电流	I_{IO}/nA	5	静态电流（单电源）	$I_Q/\mu A$	500
输入偏置电流	I_{IB}/nA	45	差模电压增益	A_{UD}	10^5
单电源电压范围	U_S/V	$3 \sim 30$			

3）LM733 差动视频放大器。LM733 是差动输入和差动输出的宽带视频放大器。由于使用了内部串并联反馈，因此这种放大器频带宽、失真小，而且有高的增益稳定性，射极输出使它具有大电流驱动和低输出阻抗的特点。不需要频率补偿的带宽可达 120MHz。增益可在 10、100 和 400 中选择 LM324 和 LM733 外引线排列如附图3 和附图4 所示，其参数值见附表10。

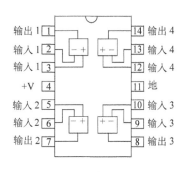

附图3 LM324 外引线排列图

4）OP07 高精度运算放大器。OP07（LM714）是低输入失调电压型集成运算放大器，具有低噪声、温漂和时漂都小等特点。OP07 的封装形式和排列如附图5 所示，其参数值见附表10。

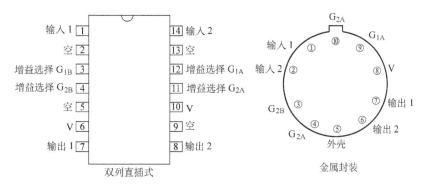

附图4 LM733 外引线排列图

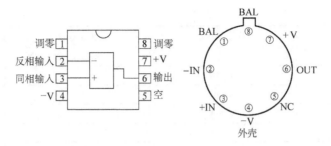

附图 5 OP07 高精度运算放大器的封装形式和排列

附表 10 OP07 集成运算放大器的电参数值 ($T_j = 25℃$)

参数名称	符号/单位	典型值	参数名称	符号/单位	典型值
输入失调电压	$U_{IO}/\mu V$	10	静态电流	I_Q/mA	2.5
输入失调电压温度系数	$(\Delta U_{IO}/\Delta T)/(\mu V/℃)$	0.2	转换速率	$S_R/(V/\mu s)$	0.3
偏置电流	I_{IB}/nA	0.7	电源电压	U_S/V	±22

5）LF411 低失调低温漂 JFET 输入运算放大器。LF411 是高速度的 JFET 输入运算放大器，它具有很小的输入失调电压和较小的输入失调电压的温度系数。匹配良好的高电压场效应晶体管输入，还有输入阻抗高、很小的输入偏置电流和输入失调电流。LF411 可用于高速积分器、快速 D-A 转换器、采样保持电路和其他许多要求低输入失调电压及漂移、低输入偏置电流、高输入阻抗、高转换速率和宽带宽频的应用场合。LF411 外引线排列如附图 6 所示，其参数值见附表 11。

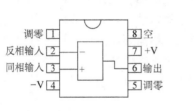 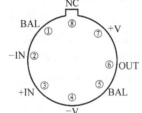

附图 6 LF411 外引线排列图

附表 11 LF411 JFET 输入运算放大器电参数值 ($T_j = 25℃$)

参数名称	符号/单位	测试条件	典型值
输入失调电压	U_{IO}/mV	$R_S = 10k\Omega$	0.8
输入失调电压的平均温度系数	$(U_{IO}/\Delta T)/(\mu V/℃)$	$R_S = 10k\Omega$	7
输入失调电流	I_{IO}/pA	$U_S = ±15V$	25
输入偏置电流	I_B/pA	$U_S = ±15V$	50
输入电阻	R_i/Ω		10^{12}
输出电压摆幅	U_{opp}/V	$U_S = ±15V; R_L = 10k\Omega$	±13.5
最大差模输入电压	U_{IDmax}/V		±30
输入共模电压范围	U_{CM}/V		±14.5
电源电流	I_S/mA		1.8
转换速率	$S_R/(V/\mu s)$	$U_S = ±15V$	15
增益带宽乘积	GBW/MHz	$U_S = ±15V$	4

6）LM358 低功耗双运算放大器。LM358 系列由两个独立的高增益、内部频率补偿运算放大器组成。内部有单位增益频率补偿电路，能在单、双电源工作，适合于数字系统

的标准 +5V 电源供电。LM358 低功耗双运算放大器的封装形式和引脚排列如附图 7 所示，其电参数见附表 12。

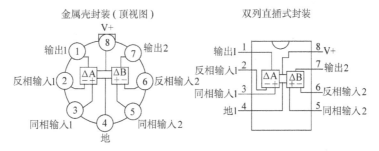

附图 7　LM358 低功耗双运算放大器的封装形式和引脚排列

附表 12　LM358 低功耗双运算放大器电参数值　　　　　　($T_A = 25℃$)

参数名称	符号/单位	典型值	参数名称	符号/单位	典型值
输入失调电压	U_{IO}/mV	±2	输入共模电压范围	U_{CM}/V	±14
输入偏置电流	I_{IB}/nA	45	输出短路电流	I_{OS}/mA	40
输入失调电流	I_{IO}/nA	±5	电源电流	I_Q/mA	1
单电源电压范围	U_S/V	3 ~ 30	双电源电压范围	U_S/V	±1.5 ~ 15

（2）电压双比较器

1）LM393 低功耗低失调电压双比较器。LM393 系列由两个独立的精密电压比较器组成，具有低失调电压的特点，最大值为 2mA，它们能在宽的单电源电压范围内正常工作，也能在双电源下工作。LM393 系列具有直接与 TTL 和 CMOS 接口的能力，当 LM393 系列在正负电源下工作时，能直接与 MOS 逻辑电路接口，在这种情况下，它们的低功耗优点比其他标准的比较器更加突出。

LM393 的封装形式和引脚排列与 LM358 相同。其参数值见附表 13。

特点：①高精度比较器。
　　　②在全温域内失调电压漂移很小。
　　　③不需要使用双电源。
　　　④宽的单电源电压范围 DC 2 ~ 36V 或双电源电压范围 DC ±1 ~ ±18V。
　　　⑤很低的电源电流（0.8mA），并不受电源电压的影响（5V 时每组比较器约 1mW）。
　　　⑥低输入偏置电流 25nA。
　　　⑦低输入失调电流 ±5nA。
　　　⑧允许接受近地信号。
　　　⑨可与所有形式的逻辑相兼容。
　　　⑩功耗低，适合于电池工作。
　　　⑪失调电压最大值 ±3mV。
　　　⑫输入共模电压范围包括地。
　　　⑬差分输入电压范围包括地。
　　　⑭低的输出饱和电压 4mA 时为 250mV。
　　　⑮输出电压能与 TTL、DTL、ECL、MOS 和 CMOS 逻辑系统兼容。

$(V^+ = 5V,\ T_A = 25℃)$

参数名称	符号/单位	典型值	参数名称	符号/单位	典型值
输入失调电压	U_{IO}/mV	± 1	输出吸入电流	I_{OS}/mA	16
输入偏置电流	I_{IB}/nA	25	电源电流	I_O/mA	0.4
输入失调电流	I_{IO}/nA	± 5	单电源电压范围	U_S/V	$3 \sim 36$
输入差动电压	36V		双电源电压范围	U_S/V	$\pm 18 \sim \pm 1.5$
输入共模电压范围	U_{CM}/V	$V^+ - 1.5$			

2）LM339 低功耗低失调电压四比较器（见附表 14、附图 8 和附图 9）。LM339 系列由四组独立的精密电压比较器组成，具有低失调电压的特点。可在单、双电源电压或电池下工作。LM339 输出电压能与 TTL、DTL、ECL、MOS 和 CMOS 逻辑系统兼容。

附表 14　LM339 低功耗低失调电压四比较器电参数值

$(V^+ = 5V,\ T_A = 25℃)$

参数名称	符号/单位	典型值	参数名称	符号/单位	典型值
输入失调电压	U_{IO}/mV	± 2	输入共模电压范围	V_{CM}/V	$V^+ - 2.0$
输入偏置电流	I_{IB}/nA	25	输出吸入电流	I_{OS}/mA	16
输入失调电流	I_{IO}/nA	± 5	电源电流	I_Q/mA	0.8
单电源电压范围	U_S/V	$3 \sim 36$	双电源电压范围	U_S/V	$\pm 1.5 \sim \pm 18$

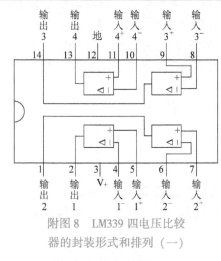

附图 8　LM339 四电压比较器的封装形式和排列（一）

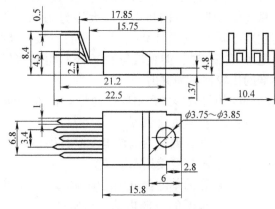

附图 9　LM339 四电压比较器的封装形式和排列（二）

（3）集成功率放大器

功率放大器能提供上百毫瓦及至上百瓦的功率给负载。许多单片集成功率放大器不仅性能优良、功能齐全，而且都附有各种保护功能，外接元件少。在音响设备、自动控制设备中广泛应用。

1）CD/TDA2002 音频功率放大器。CD2002 是音频放大电路，其输出功率较大（16V，2Ω，10W），内部设有保护电路、短路保护、热过载保护、电源极性接反保护、地线断开保护和负载放电反冲保护等。CD2002 外接元件少，封装体积小，适用于汽车收音机、录放机及音乐中心等设备作音频功率放大器。该电源采用 5 引线塑料单列直插式封装，接引出线的形状可分为 H 形和 V 形。CD/TDA2002 音频功率放大器电参数值见附表 15。

附表 15　CD/TDA2002 音频功率放大器电参数值

（ $V_{CC} = 14.4V$，$A_V = 40dB$，$f = 1kHz$，$T_A = 25℃$ ）

参数名称	符号/单位	测试条件	参数值
电源电压	V_{CC}/V		8 ~ 18
静态电流	I_{CC}/mA		45
输入阻抗	$R_i/k\Omega$		150
输出功率	P_O/W	$U_{CC} = 16V$，$R_L = 4\Omega$，THD $= 10\%$	6.5
输入饱和电压	U_V/mV		600
全谐波失真	THD（%）	$R_L = 4\Omega$，$P_O = 0.05 ~ 3.5W$	0.2
纹波抑制比	S_{rIP}/dB	$R_L = 4\Omega$，$f_{rIP} = 100Hz$	35
开/闭环电压增益	A_{VF}，A_{VO}/dB	$R_L = 4\Omega$	80/40
输出峰值电流	I_O/A	注：此为极限参数	4.5

推荐工作条件：（ $T_A = 25℃$ ）

电源电压 $V_{CC} = 8 ~ 18V$，负载 $R_L = 4\Omega$，工作方式为单端或 BTL。

典型应用：

① 单端应用。

② 低成本应用。

③ BTL 应用。

2）TDA2030A。CD/TDA2002 应用电路如附图 10 所示。

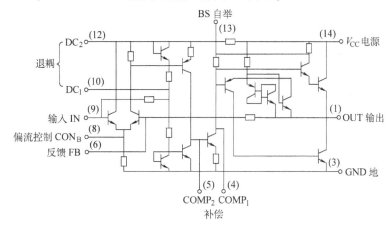

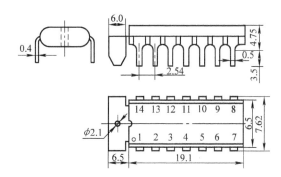

附图 10　CD/TDA2002 应用电路

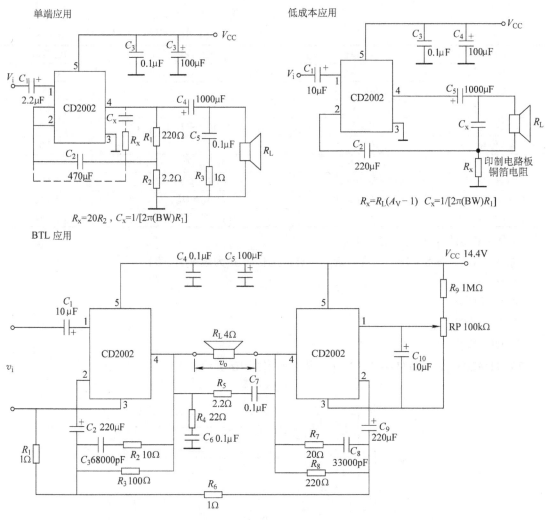

单端应用

低成本应用

$R_x=20R_2$，$C_x=1/[2\pi(\text{BW})R_1]$

$R_x=R_L(A_V-1)$　$C_x=1/[2\pi(\text{BW})R_1]$

BTL 应用

附图 10　CD/TDA2002 应用电路（续）

　　TDA2030A 集成功率放大器的电气性能稳定、可靠，内部具有过载保护和热切断保护电路，若输出过载或输出短路，均能起保护作用，不会损坏器件。TDA2030A 外形如附图 11 所示。TDA2030A 音频功率放大器的主要参数见附表 16。

附图 11　TDA2030A 外形图

附表 16　TDA2030A 音频功率放大器的主要参数　（$T_j=25℃$）

参数名称	符号/单位	测试条件	参数值
电源电压	V_{CC}/V		$\pm 6 \sim \pm 18$
静态电流	I_{CC}/mA	$V_{CC}=\pm 18\text{V}$，$R_L=4\Omega$	40
输出功率	P_o/W	$R_L=4\Omega$，THD $=0.5\%$	14
		$R_L=8\Omega$，THD $=0.5\%$	9
输入阻抗	R_i/MΩ	开环，$f=1\text{kHz}$	5
谐波失真	THD（%）	$P_o=0.1\sim 12\text{W}$，$R_L=4\Omega$	0.2
频率响应	BW/Hz	$P_o=12\text{W}$，$R_L=4\Omega$	$10\sim 140$
电压增益	A_u/dB	$f=1\text{kHz}$	30

3）CD7240。CD7240 是双声道音频功率放大器，它具有高保真、高输出和低噪声等特点，内设有输出对地的保护及其他保护电路。它采用带散热片的塑料单列直插封装。CD7240 的封装形式和排列如附图 12 所示。CD7240 双通道音频功率放大器的主要参数见附表 17。

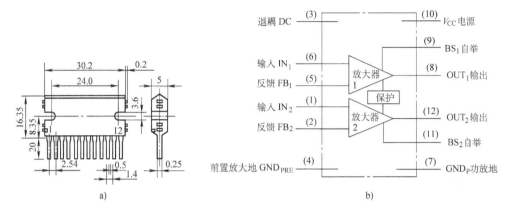

附图 12 CD7240 的封装形式和排列

附表 17 CD7240 双通道音频功率放大器的主要参数 （$T_j = 25℃$）

参数名称		符号/单位	测试条件	参数值
电源电压		V_{CC}/V		9 ~ 18
静态电流		I_{CC}/mA	$V_{CC} = 13.2V$，$V_i = 0$，$R_L = 4\Omega$	80
BTL 连接	输出功率	P_O/W	$V_{CC} = 13.2V$，$R_L = 4\Omega$，THD = 10%	19
	谐波失真	THD（%）	$P_O = 4W$，$A_u = 40dB$，$R_L = 4\Omega$	0.03
	电压增益	A_u/dB	$f = 1kHz$	40
双声道连接	输出功率	P_O/W	$V_{CC} = 13.2V$，$V_i = 0$，$R_L = 4\Omega$	6.8
	全谐波失真	THD（%）	$V_{CC} = 13.2V$，$R_L = 4\Omega$，THD = 10%	0.06
	电压增益	A_u/dB	$f = 1kHz$	52
	通道分离度	CSR/dB	$V_O = 0dB$	-57
	输入阻抗	R_i/kΩ	$f = 1kHz$	33

4）CD/TDA2822M。TDA2822M 是一种内含两组独立的音频功率放大器的单片集成电路，具有低压特性好（1.8V）、交越失真小、静电电流小等特点，外围元器件少，既可作立体声应用，又可接成 BTL 式电路。

TDA2822M 音频功率放大器的引脚排列如附图 13 所示，其参数值见附表 18，典型应用如附图 14 所示。

（4）三端集成稳压器

三端稳压器有固定输出电压和可调输出电压两种。可直接用于

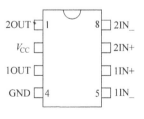

附图 13 TDA2822M 音频功率放大器的引脚排列

各种电子设备作电压稳压器。由于芯片内部设置了过电流保护、过热保护及调整管安全工作区保护电路。所以电路使用方便、安全可靠。外引线排列如附图 15、附图 16 所示，7800、7900 系列三端固定式集成稳压器的性能见附表 19 ~ 附表 23。

附表 18　TDA2822M 双声道（2×1W）音频功率放大器参数值

（$V_{CC}=6V$，$R_L=8\Omega$，$f=1kHz$，$T_A=25℃$）

	参数名称	符号/单位	测试条件	参数值
立体声方式	电源电压	V_{CC}/V		1.8 ~ 15
	静态电流	I_{CC}/mA		≤9
	输入阻抗	$R_i/k\Omega$		≤100
	输出功率	R_O/mW	$V_{CC}=9V$，$R_L=4\Omega$，THD = 10%	
	通道分离度	Sep/dB		50
	谐波失真	THD（%）	$V_{CC}=9V$，$P_O=500mW$	0.3
	电源电压抑制比	dB		≥24
	闭环电压增益	A_{VC}/dB		40
BTL连接	输出功率	P_O/mW	$V_{CC}=9V$，$R_L=4\Omega$，THD = 10%	1000
	功率带宽	BW_p	$-3dB$，$P_O=1W$	120kHz
	全谐波失真度	THD（%）	$P_O=500mW$	0.2
	电源电压抑制比	K_{SVN}/dB		≥40
	输出失调电压	V_O/mV	两输出端间	≤50

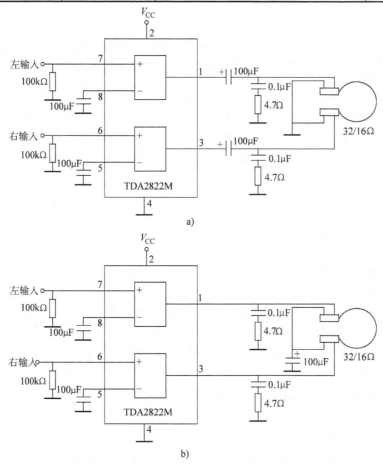

附图 14　TDA2822M 电路应用

a）立体声耳机应用电路①　b）立体声耳机应用电路②

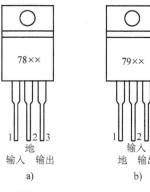

附图 15　78××、79××
稳压器外引线排列图
a）78 系列　b）79 系列

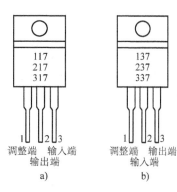

附图 16　三端可调稳压器
外引线排列图
a）三端正压可调　b）三端负压可调

附表 19　7800、7900 系列三端固定式集成稳压器的输出电压

器件型号	输出电压/V	器件型号	输出电压/V	器件型号	输出电压/V
7805	5	7818	18	7910	−10
7806	6	7820	20	7912	−12
7807	7	7824	24	7912	−12
7808	8	7905	−5	7915	−15
7809	9	7906	−6	7918	−18
7810	10	7907	−7	7920	−20
7812	12	7908	−8	7920	−20
7815	15	7909	−9	7924	−24

附表 20　7800、7900 系列三端固定式集成稳压器的输出电流

器　件	7800 7900	78M00 79M00	78L00 79L00	78T00 79T00	78H00 79H00
输出电流/A	1.5	0.5	0.1	3	5

附表 21　LM7800C、LM7900C 系列集成稳压器的主要参数　　　　（$T_j = 25℃$）

型　号	输出电压 U_O/V	输入输出电压差 $(U_I - U_O)$/V	电压调整率 $S_U(\Delta U_O)$ /mV	最大输入电压 U_{Imax}/V	最小输入电压 U_{Imin}/V	静态电流 I_B/mA	温度变化率 S_T /(mV/℃)	外形
LM7805	4.8 ~ 5.2	2.0	50	35	7.3	8	0.6	TO−3 TO−220
LM7812	11.5 ~ 12.5	2.0	120	35	14.6	8	1.5	TO−3 TO−220
LM7815	14.4 ~ 15.6	2.0	150	35	17.7	8	1.2	TO−3 TO−220
LM7905	−4.8 ~ −5.2	1.1	15	−35		1	0.4	TO−3 TO−220
LM7912	−11.5 ~ −12.5	1.1	5	−40		1.5	−0.8	TO−3 TO−220
LM7915	−14.4 ~ −15.6	1.1	5	−40		1.5	−1.0	TO−3 TO−220
测试条件	$5mA \leq I_O \leq 1A$	$I_O = 1.0A$ $T_j = 25℃$	$I_O \leq 1.0A$		$I_O \leq 1.0A$ 保证电压 调整率时			

附表 22　LM117/217/317　LM137/237/337　三端输出可调集成稳压器的主要参数

型　号	最大输入输出电压之差	输出电压可调范围	电压调整率	电流调整率	调整端电流	最小负载电流	外　形
	$(U_{\text{Imax}} - U_O)/V$	U_O/V	$S_U(\Delta U_O)/mV$	$S_I(\Delta U_O)/mV$	$I_{\text{ADJ}}/\mu A$	I_{Omin}/mA	
LM117/217	40	1.25~37	0.01	0.3	100	3.5	
LM317	40	1.25~37	0.01	0.5	100	3.5	
LM137/237	40	-1.25~-37	0.01	0.3	65	2.5	TO-3
LM337	40	-1.25~-37	0.01	0.3	65	2.5	TO-220
测试条件			$3V \leqslant \lvert U_I - U_O \rvert \leqslant 40V$	$10mA \leqslant I_0 \leqslant I_{max}$ $U_0 > 5V$		$U_I - U_O = 40V$	

附表 23　LM117/217/317 三端正向可调集成稳压器的输出电流

型　号	LM117L LM217L LM317L	LM317M	LM117 LM217 LM317
输出电流/A	0.1	0.5	1.5

5. 数字集成电路部分（见附表 24）

附表 24　部分 TTL 集成电路

类　别	器　件　名　称	国产型号	国外型号(TEXAS)
逻辑门	六反相器	CT1004	SN5404/SN7404
	六反相器(OC)	CT1005	SN5405/SN7405
	双四输入与非门	CT1020	SN5420/SN74LS20
	三3输入与非门	CT1010	SN5410/SN7410
	四2输入与非门	CT1000	SN5400/SN7400
	8输入与非门	CT1030	SN5430/SN7430
	四2输入与非门(OC)	CT1003	SN5403/SN7403
	四2输入与非门缓冲器(OC)	CT1038	SN5438/SN7438
	双4输入或非门	CT1025	SN5425/SN7425
	三3输入或非门	CT1027	SN5427/SN7427
	四2输入或非门	CT1002	SN5402/SN7402
	四2输入或非缓冲器(OC)	CT1033	SN5433/SN7433
	四2输入或门	CT1032	SN5432/SN7432
	双4输入与门	CT4021	SN54LS21/SN74LS21
	三3输入与门	CT4011	SN54LS11/SN74LS11
	四2输入与门	CT1008	SN5408/SN7408
	四2输入与门(OC)	CT1009	SN5409/SN7409
	四总线缓冲器(3S)	CT1125	SN54125/SN74125
	四2输入异或门	CT1086	SN5486/SN7486
	四2输入异或门(OC)	CT1136	SN54136/SN74136
	六反相器(有施密特触发器)	CT1014	SN5414/SN7414
	双4输入与非门(有施密特触发器)	CT1013	SN5413/SN7413
	四2输入与非门(有施密特触发器)	CT1132	SN54132/SN74132
	四总线缓冲器(3态)	CT1125	SN54125/SN74LS125
	带三态输出的八缓冲器和线驱动器	CT1244	SN54244/SN74LS244

（续）

类　别	器　件　名　称	国产型号	国外型号（TEXAS）
触发器	与门输入上升沿 J–K 触发器（有预置、清除端）	CT1070	SN5470/SN7470
	双主从 J–K 触发器（有清除端）	CT1107	SN54107/SN74107
	与门输入主从 J–K 触发器（有预置、清除端）	CT1072	SN5472/SN7472
	双主从 J–K 触发器（有预置、清除端，有数据锁定）	CT1111	SN54111/SN74111
	与门输入主从 J–K 触发器（有预置、清除端，有数据锁定）	CT1110	SN54110/SN74110
	双上升沿 D 型触发器（有预置、清除端）	CT1074	SN5474/SN7474
	双 J–K 触发器（有预置、清除端）	CT1078	SN5478/SN74LS78
单稳态触发器	单稳态触发器（有施密特触发器）	CT1121	SN54121/SN74121
	可重触发单稳态触发器（有清除端）	CT1122	SN54122/SN74122
运算电路	4 位二进制超前进位全加器	CT1283	SN54283/SN74283
	4 位算术逻辑单元/函数发生器	CT1181	SN54181/SN74181
	4 位数值比较器	CT1085	SN5485/SN7485
	9 位奇偶产生器/校验器	CT1180	SN54180/SN74180
编码器	10 线–4 线优先编码器	CT1147	SN54147/SN74147
	8 线–3 线优先编码器	CT1148	SN54148/SN74148
译码器	4 线–16 线译码器	CT1154	SN54154/SN74154
	4 线–10 线译码器（BCD）	CT1042	SN5442/SN7442
	3 线–8 线译码器	CT1138	SN54138/SN74138
	双 2 线–4 线译码器	CT1155	SN54155/SN74155
	4 线–10 线译码器/驱动器	CT1145	SN54145/SN74145
	4 线七段译码器/高压输出驱动器	CT1247	SN54247/SN74247
	4 线七段译码器/驱动器	CT1048	SN5448/SN7448
	4 线七段译码器/驱动器	CT1049	SN5449/SN7449
数据选择器	16 选 1 数据选择器	CT1150	SN54150/SN74150
	8 选 1 数据选择器	CT1251	SN54251/SN74251
	8 选 1 数据选择器	CT1151	SN54151/SN74151
	8 选 1 数据选择器	CT1152	SN54152/SN74LS152
	双 4 选 1 数据选择器	CT1153	SN54153/SN74153
	四 2 选 1 数据选择器	CT1157	SN54157/SN74157
	4 位 2 选 1 数据选择器	CT1298	SN54298/SN74298
计数器	二-五-十计数器	CT1196	SN54196/SN74196
	二-五-十计数器	CT1290	SN54290/SN74290
	二-八-十六计数器	CT1197	SN54197/SN74197
	双 4 位二进制计数器	CT1393	SN54393/SN74393
	十进制同步计数器	CT1160	SN54160/SN74160
	4 位二进制同步计数器（异步清 0）	CT1161	SN54161/SN74161
	4 位二进制同步计数器（同步清 0）	CT1163	SN54163/SN74163
	8 位并行输出串行移位寄存器	CT1164	SN54164/SN74164
	同步十进制可逆计数器	CT1168	SN54168/SN74LS168
	4 位二进制同步加减计数器	CT1191	SN54191/SN74191
	十进制同步加/减计数器（双时钟）	CT1192	SN54192/SN74192
	十进制同步加/减计数器	CT1190	SN54190/SN74190

（续）

类　别	器　件　名　称	国产型号	国外型号（TEXAS）
寄存器	四上升沿 D 触发器	CT1175	SN54175/SN74175
	六上升沿 D 触发器	CT1174	SN54174/SN74174
	4 位 D 锁存器	CT4375	SN54LS375/SN74LS375
	双 4D 锁存器	CT1116	SN54116/SN74116
	8D 锁存器	CT1373	SN54373/SN74LS373
	4 位移位寄存器	CT1195	SN54195/SN74195
	8 位移位寄存器	CT1199	SN54199/SN74199
	4 位双向移位寄存器（并行存取）	CT1194	SN54194/SN74194
	8 位双向移位寄存器	CT1198	SN54198/SN74198
	4 位移位寄存器（并行存取）	CT1095	SN5495/SN7495
	8 位移位寄存器（串、并行输入，串行输出）	CT1166	SN54166/SN74166

部分 CMOS 集成电路见附表 25。

附表 25　部分 CMOS 集成电路

类　别	器　件　名　称	国产型号	国外型号（MOTORLS）
逻辑门	六反相器	CC4069	MC14069
	双 4 输入与非门	CC4012	MC14012
	三 3 输入与非门	CC4023	MC14023
	四 2 输入与非门	CC4011	MC14011
	8 输入与非门	CC4068	MC14068
	双 4 输入或非门	CC4002	MC14002
	三 3 输入或非门	CC4025	MC14025
	四 2 输入或非门	CC4001	MC14001
	8 输入或非门	CC4078	MC14078
	双 4 输入或门	CC4072	MC14072
	三 3 输入或门	CC4075	MC14075
	四 2 输入或门	CC4071	MC14071
	双 4 输入与门	CC4082	MC14082
	三 3 输入与门	CC4073	MC14073
	四 2 输入与门	CC4081	MC14081
	双 2－2 输入与或非门	CC4085	CD4085
	六反相缓冲/变换器	CC4009	CD4009
	六同相缓冲/变换器	CC4010	CD4010
触发器	双主从 D 型触发器	CC4013	MC14013
	双 J－K 触发器	CC4027	MC14027
	3 输入端 J－K 触发器	CC4096	CD4096
	双单稳态触发器	CC14528	MC14528
	四 2 输入端施密特触发器	CC4093	MC14093
	六施密特触发器	CC40106	CD40106
运算电路	四异或门	CC4070	MC14070
	4 位超前进位全加器	CC4008	MC14008
	"N" BCD 加法器	CC14560	MC14560
译码器	4 位数值比较器	CC14585	MC14585
	BCD－7 段译码/大电流驱动器	CC14547	MC14547
	BCD－7 段译码/液晶驱动器	CC4055	CD4055

（续）

类　别	器　件　名　称	国产型号	国外型号（MOTORLS）
译码器	BCD –锁存/7 段译码/驱动器	CC4511	MC14511
	十进制加/减计数器/锁存/7 段译码/驱动器	CC40110	CD40110
	十进制计数/7 段译码器	CC4026	CD4026
	BCD 码–十进制译码器	CC4028	MC14028
	4 位锁存/4 线–16 线译码器（输出"1"）	CC4514	MC14514
	4 位锁存/4 线–16 线译码器（输出"0"）	CC4515	MC14515
	双二进制 4 选 1 译码器/分离器（输出"1"）	CC4555	MC14555
	双二进制 4 选 1 译码器/分离器（输出"0"）	CC4556	MC14556
双向开关、数据选择器	四双向模拟开关	CC4066	MC14066
	单八路模拟开关	CC4051	MC14051
	双四路模拟开关	CC4052	MC14052
	单十六路模拟开关	CC4067	CD4067
	双八路模拟开关	CC4097	CD4097
	四与或选择器	CC4019	CD4019
	八路数据选择器	CC4512	MC14512
	双四路数据选择器	CC14539	MC14539
计数器	7 位二进制串行计数器/分频器	CC4024	MC14024
	12 位二进制串行计数器/分频器	CC4040	MC14040
	14 位二进制串行计数器/分频器	CC4060	MC14060
	双 BCD 同步加计数器	CC4518	CD4518
	双 4 位二进制同步加计数器	CC4520	MC14520
	可预置 4 位二进制同步加/减计数器	CC4516	MC14516
	可预置 BCD 加/减计数器（双时钟）	CC40192	CD40192
	可预置 BCD 加/减计数器（单时钟）	CC4510	MC14510
	八进制计数/分配器	CC4022	MC14022
	十进制计数/分配器	CC4017	MC14017
	可预置 BCD 加计数器	CC40160	CD40160
	可预置 4 位二进制加计数器	CC40161	CD40161
寄存器	18 位串入–串出移位寄存器	CC4006	MC14006
	双 4 位串入–串出移位寄存器	CC4015	MC14015
	8 位串入/并入–串出移位寄存器	CC4014	MC14014
	4 位并入/串入–并出/串出移位寄存器（左移–右移）	CC40194	CD40194
	4 位并入/串入–并出/串出移位寄存器	CC4035	MC14035
	8 位通用总线寄存器	CC4034	MC14034
定时电路	单定时器	CC7555	ICL7555
	双定时器	CC7556	ICL7556
锁相环	锁相环	CC4046	MC14046
A – D 转换器	$3\frac{1}{2}$ 位双积分 A – D 转换器	CC7106	ICL7106
		CC7107	ICL7107
		CC7126	ICL7126

部分数字集成电路外引出端排列图（见附图17～附图69）

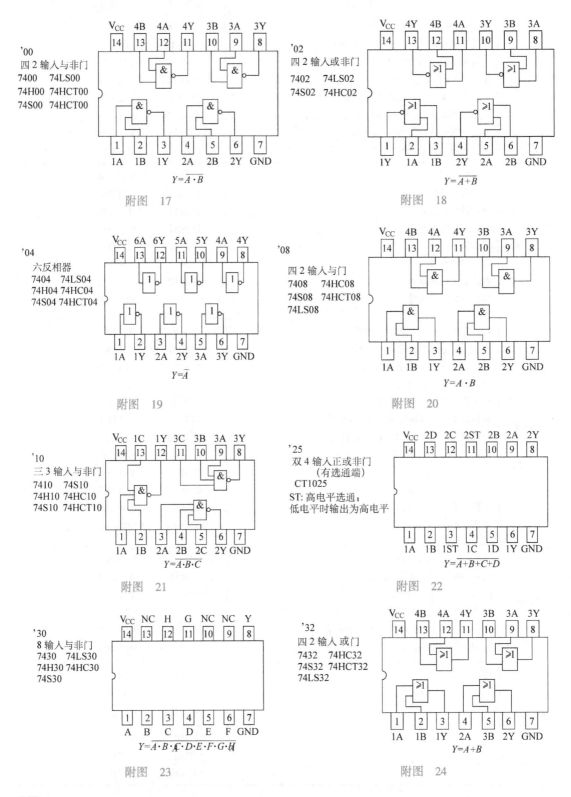

'00
四2输入与非门
7400　74LS00
74H00　74HCT00
74S00　74HCT00

$Y=\overline{A \cdot B}$

附图　17

'02
四2输入或非门
7402　74LS02
74S02　74HC02

$Y=\overline{A+B}$

附图　18

'04
六反相器
7404　74LS04
74H04　74HC04
74S04　74HCT04

$Y=\overline{A}$

附图　19

'08
四2输入与门
7408　74HC08
74S08　74HCT08
74LS08

$Y=A \cdot B$

附图　20

'10
三3输入与非门
7410　74S10
74H10　74HC10
74S10　74HCT10

$Y=\overline{A \cdot B \cdot C}$

附图　21

'25
双4输入正或非门
（有选通端）
CT1025
ST: 高电平选通；
低电平时输出为高电平

$Y=\overline{A+B+C+D}$

附图　22

'30
8输入与非门
7430　74LS30
74H30　74HC30
74S30

$Y=\overline{A \cdot B \cdot C \cdot D \cdot E \cdot F \cdot G \cdot H}$

附图　23

'32
四2输入或门
7432　74HC32
74S32　74HCT32
74LS32

$Y=A+B$

附图　24

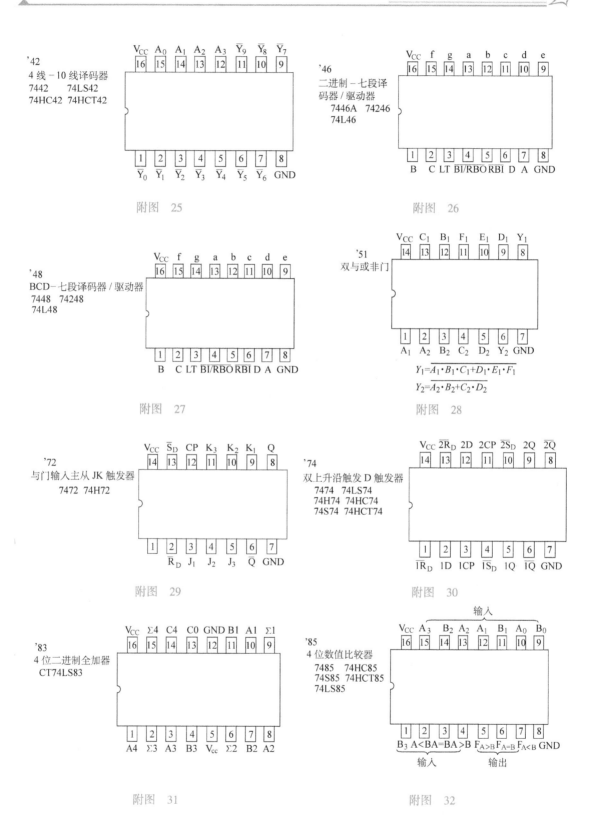

'42
4 线－10 线译码器
7442　74LS42
74HC42 74HCT42

附图　25

'46
二进制－七段译
码器 / 驱动器
　7446A　74246
　74L46

附图　26

'48
BCD－七段译码器 / 驱动器
7448　74248
74L48

附图　27

'51
双与或非门

$Y_1 = \overline{A_1 \cdot B_1 \cdot C_1 + D_1 \cdot E_1 \cdot F_1}$

$Y_2 = \overline{A_2 \cdot B_2 + C_2 \cdot D_2}$

附图　28

'72
与门输入主从 JK 触发器
7472 74H72

附图　29

'74
双上升沿触发 D 触发器
7474　74LS74
74H74　74HC74
74S74　74HCT74

附图　30

'83
4 位二进制全加器
CT74LS83

附图　31

'85
4 位数值比较器
7485　74HC85
74S85　74HCT85
74LS85

附图　32

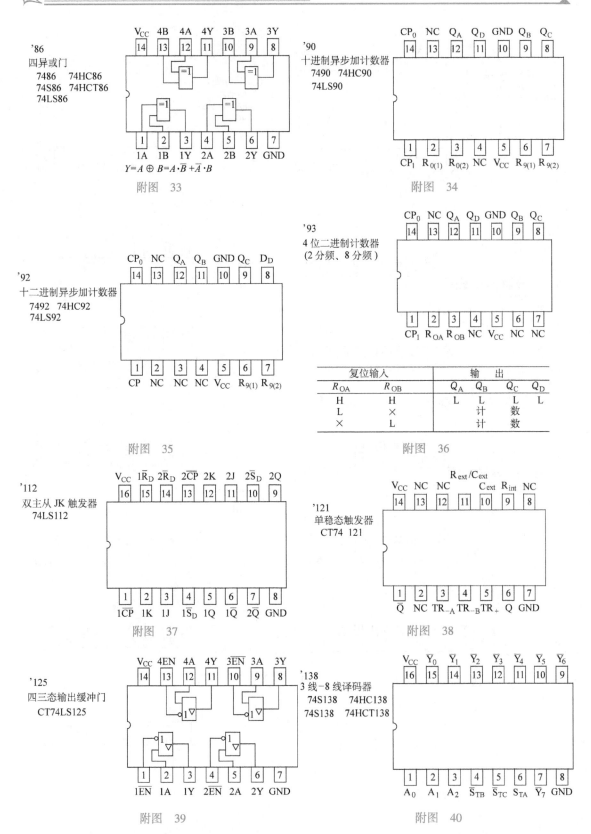

'86
四异或门
7486   74HC86
74S86 74HCT86
74LS86

$Y = A \oplus B = A \cdot \overline{B} + \overline{A} \cdot B$

附图 33

'90
十进制异步加计数器
7490 74HC90
74LS90

附图 34

'92
十二进制异步加计数器
7492 74HC92
74LS92

附图 35

'93
4 位二进制计数器
（2 分频、8 分频）

复位输入		输　出			
R_{OA}	R_{OB}	Q_A	Q_B	Q_C	Q_D
H	H	L	L	L	L
L	×	计		数	
×	L	计		数	

附图 36

'112
双主从 JK 触发器
74LS112

附图 37

'121
单稳态触发器
CT74 121

附图 38

'125
四三态输出缓冲门
CT74LS125

附图 39

'138
3 线-8 线译码器
74S138   74HC138
74S138   74HCT138

附图 40

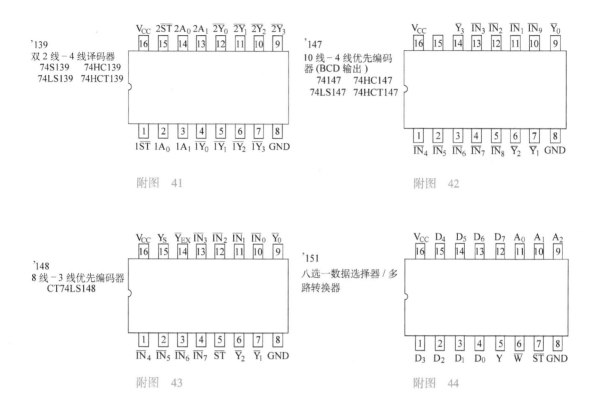

附图 41

附图 42

附图 43

附图 44

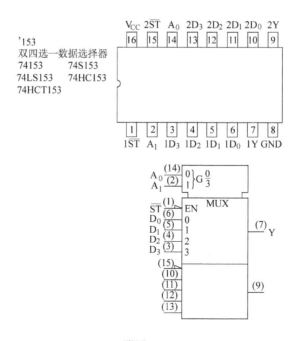

附图 45

213

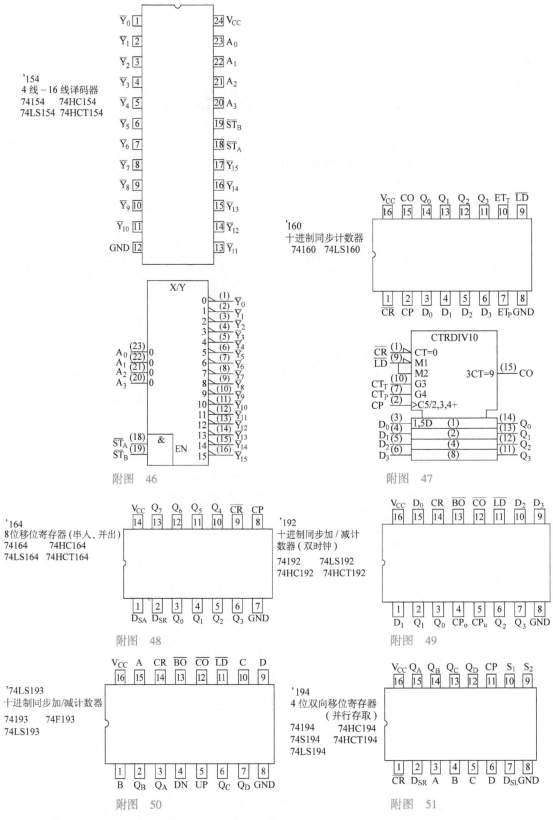

'154
4 线 – 16 线译码器
74154   74HC154
74LS154 74HCT154

'160
十进制同步计数器
74160   74LS160

附图 46

附图 47

'164
8位移位寄存器（串入、并出）
74164   74HC164
74LS164   74HCT164

'192
十进制同步加 / 减计数器（双时钟）
74192   74LS192
74HC192   74HCT192

附图 48

附图 49

'74LS193
十进制同步加/减计数器

74193   74F193
74LS193

'194
4 位双向移位寄存器
（并行存取）

74194   74HC194
74S194   74HCT194
74LS194

附图 50

附图 51

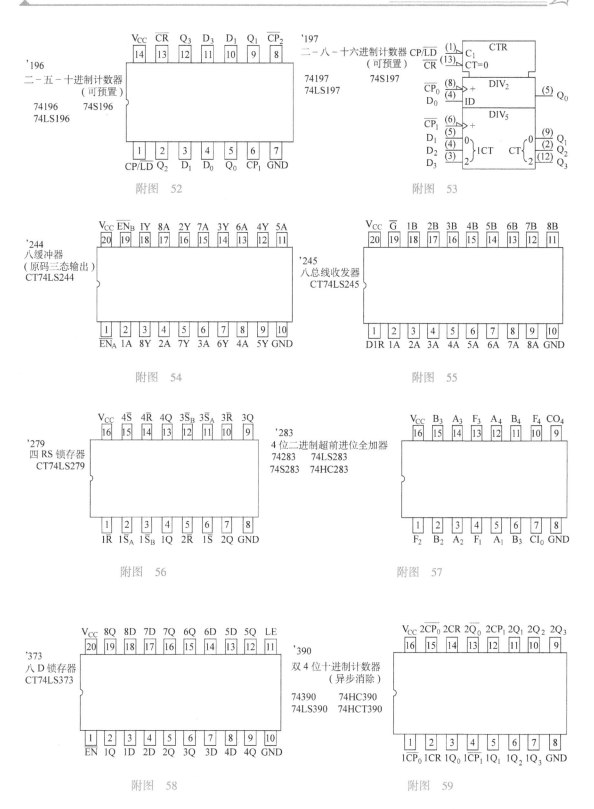

'196
二-五-十进制计数器
（可预置）

74196　　74S196
74LS196

附图 52

'197
二-八-十六进制计数器 CP/LD
（可预置） CR

74197　　74S197
74LS197

附图 53

'244
八缓冲器
（原码三态输出）
CT74LS244

附图 54

'245
八总线收发器
CT74LS245

附图 55

'279
四 RS 锁存器
CT74LS279

附图 56

'283
4 位二进制超前进位全加器
74283　　74LS283
74S283　　74HC283

附图 57

'373
八 D 锁存器
CT74LS373

附图 58

'390
双 4 位十进制计数器
（异步消除）
74390　　74HC390
74LS390　　74HCT390

附图 59

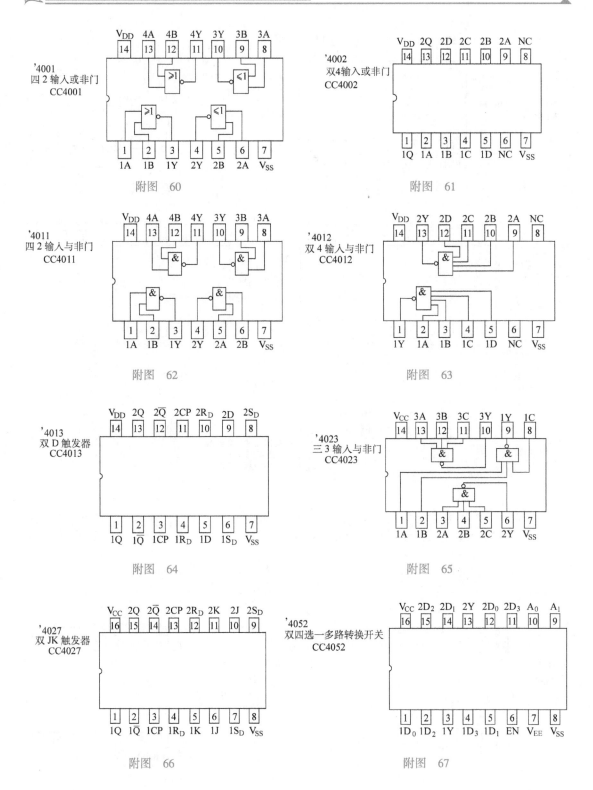

'4001
四 2 输入或非门
CC4001

附图 60

'4002
双 4 输入或非门
CC4002

附图 61

'4011
四 2 输入与非门
CC4011

附图 62

'4012
双 4 输入与非门
CC4012

附图 63

'4013
双 D 触发器
CC4013

附图 64

'4023
三 3 输入与非门
CC4023

附图 65

'4027
双 JK 触发器
CC4027

附图 66

'4052
双四选一多路转换开关
CC4052

附图 67

'4510
可预置的二-十进制加/减计数器
CD4510

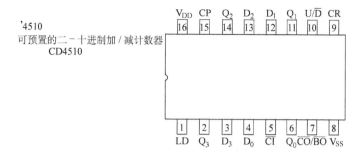

CP	$\overline{CI}$	U/$\overline{D}$	LD	CR	功能
×	×	×	1	0	预置数
×	×	×	×	1	清零
×	1	×	0	0	保持
↑	0	1	0	0	加计数
↑	0	0	0	0	减计数

附图 68

'CD4511
BCD-7段码显示译码器

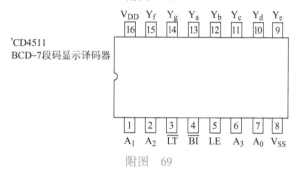

附图 69

参考文献

[1] 胡翔骏. 电路分析 [M].3 版. 北京：高等教育出版社，2016.

[2] 康华光. 电子技术基础模拟部分 [M].6 版. 北京：高等教育出版社，2013.

[3] 康华光. 电子技术基础数字部分 [M].6 版. 北京：高等教育出版社，2014.

[4] 秦曾煌，姜三勇. 电工学 [M].7 版. 北京：高等教育出版社，2009.

[5] 曾建唐，蓝波. 电工电子技术简明教程 [M].2 版. 北京：高等教育出版社，2018.

[6] 申永山. 电工电子技术实验及课程设计 [M]. 北京：机械工业出版社，2011.

[7] 林雪健. 电工电子技术实验教程 [M]. 北京：机械工业出版社，2014.

[8] 钟洪声，崔红玲，皇晓辉. 电子电路设计技术基础 [M]. 成都：电子科技大学出版社，2012.

[9] 赵镜红，孙盼，孙军. 电机实验与实践 [M]. 北京：科学出版社，2020.

[10] 韩雪涛. 电子元器件从入门到精通 [M]. 北京：化学工业出版社，2019.

[11] 唐巍. 经典电子电路 [M]. 北京：化学工业出版社，2020.

[12] 毕满清. 电子技术实验与课程设计 [M].5 版. 北京：机械工业出版社，2019.

[13] 卜乐平. 传感器与检测技术 [M]. 北京：清华大学出版社，2021.

[14] 郑振宇，姚遥，刘冲. Altium Designer 17 电子设计速成实战宝典 [M]. 北京：电子工业出版社，2017.

[15] 黄智伟，黄国玉，王丽君. 基于 NI Multisim 的电子电路计算机仿真设计与分析 [M].3 版. 北京：电子工业出版社，2017.